面向人民健康
提升健康素养

相约健康百科丛书

面向人民健康
提升健康素养

相约健康百科丛书

心理健康系列

阳光对话青少年

主审 陆林

主编 赵敏

人民卫生出版社
·北京·

本书编委会

主　审　陆　林

主　编　赵　敏

副主编　乔　颖　况　利　钟　娜

编　者　（按姓氏笔画排序）

于东升	内蒙古自治区第三医院	况　利	重庆医科大学附属第一医院
马现仓	西安交通大学第一附属医院	宋学勤	郑州大学第一附属医院
王　勇	上海市精神卫生中心	张　杰	广州医科大学附属脑科医院
王文政	上海市精神卫生中心	张　凯	安徽医科大学附属巢湖医院
王晨阳	南京医科大学附属脑科医院	陆心传	苏州市广济医院
艾　明	重庆医科大学附属第一医院	阿怀红	青海省第三人民医院
吕钦谕	上海市精神卫生中心	陈　涵	上海市精神卫生中心
乔　颖	上海市精神卫生中心	陈　静	上海市精神卫生中心
刘可智	西南医科大学附属医院	范　青	上海市精神卫生中心
江文庆	上海市精神卫生中心	金　金	上海市精神卫生中心
汤艳清	中国医科大学附属盛京医院	赵　敏	上海市精神卫生中心
孙锦华	复旦大学附属儿科医院	钟　娜	上海市精神卫生中心
李　洁	天津市安定医院	钟　慧	安徽省精神卫生防治中心
李传威	苏州市广济医院	夏　炎	哈尔滨医科大学附属第一医院
杨　灿	武汉大学人民医院	殷　莉	四川大学华西医院
杨　梅	深圳市康宁医院	高雪屏	中南大学湘雅二医院
杨兴洁	北京回龙观医院	郭万军	杭州市第七人民医院
吴为阁	厦门市仙岳医院	黄颖林	中国医科大学附属盛京医院
何　凡	首都医科大学附属北京安定医院	曹庆久	北京大学第六医院
		焦东亮	蚌埠医科大学
邹韶红	新疆维吾尔自治区人民医院	曾庆枝	上海市精神卫生中心

学术秘书

李　煦	上海市精神卫生中心	张　蕾	上海市精神卫生中心

陈竺院士
说健康

相约健康百科丛书

总　　序

人民健康是现代化最重要的指标之一，也是人民幸福生活的基础。党的二十大报告明确到 2035 年建成健康中国。社会各界，尤其是全国医疗卫生工作者，要坚持以人民为中心的发展思想，把保障人民健康放在优先发展的战略位置，加快推进健康中国建设，全方位全周期保障人民健康，为实现“两个一百年”奋斗目标、实现中华民族伟大复兴的中国梦打下坚实的健康基础，为共建人类卫生健康共同体作出应有的贡献。

为助力健康中国建设，提升人民健康素养，人民卫生出版社（以下简称“人卫社”）联合相关学（协）会、平台、媒体共同策划，整合各方优势、创新传播途径，打造高质量的纸数融合立体化传播健康知识普及出版物《相约健康百科丛书》（以下简称“丛书”）。丛书通过图书、新媒体、互联网平台等全媒体，努力为人民群众提供全生命周期的健康知识服务。在深入了解丛书的策划方案、组织管理和工作安排后，我欣然接受了邀请，担任丛书专家指导委员会主任委员，主要基于以下考虑。

建设健康中国，人人享有健康。党的十八大以来，以习近平同志为核心的党中央一直高度重视、持续推动健康中国建设。2016 年党中央、国务院印发的《“健康中国 2030”规划纲要》指出，推进健康中国建设，是全面建成小康社会、基本实现社会主义现代化的重要基础，是全面提升中华民族健康素质、实现人民健康与经济社会协调发展的国家战略。健康中国的主题是“共建共享、全民健康”，共建共享是基本路径，全民健康是根本目的。人人参与、人人尽力、人人享有，实现全民健康，需要全社会共同努力。党的二十大对新时代新征程上推进健康中国建设作出新的战略部署，赋予了新的任务使命，提出“把保障人民健康放在优先发展的战略位置，完善人民健康促进政策”。丛书建设抓住了健康中国建设的核心要义。

提升健康素养，需要终身学习。健康素养是人的一种能力：它能够帮助个人获取和理解基本的健康信息和服务，并能运用其作出正确的判断和决定，以维持并促进自己的健康。2008 年 1 月，卫生部发布《中国公民健康素养——基本知识与技能（试行）》，首次以政府文件的形式界定了居民健康素养，我很高兴签发了这份文件。此后，我持续关注该工作的进展和成效。经过多年的不懈努力，我国健康素养促进工作蓬勃发展，居民健康素养水平从 2009 年的 6.48% 上升至 2021 年的 25.4%，人民健康状况和基本医疗卫生服务的公平性、可及性持续改善，主要健康指标居于中高收入国家前列，为以中国式现代化全面推进中华民族伟大复兴奠定了坚实的健康基础。健康素养需要持续地学习和养成，丛书正是致力于此。

健康第一责任人，是我们自己。2019 年 12 月，十三届全国人大常委会第十五次会议通过了《中华人民共和国基本医疗卫生与健康促进法》，该法第六十九条提出“公民是自己健康的第一责任人，树立和践行对自己健康负责的健康管理理念，主动学习健康知识，提高健康素养，加强健康管理。倡导家庭成员相互关爱，形成符合自身和家庭特点的健康生活方式。”从国家法律到健康中国战略，都强调每个人是自己健康的第一责任人。只有人人都具备了良好的健康素养，成为自己健康的第一责任人，健康中国才有了最坚实的基础。丛书始终秉持了这一理念，能够切实帮助读者承担起自己的健康责任。

接受丛书编著邀请后，我多次听取了丛书工作委员会和人卫社的汇报，提出了一些建议，并录制了“院士说健康”视频。我很高兴能以此项工作为依托，为人民健康多做些有意义的工作。丛书工作委员会和人卫社的同仁们一致认为，这件事做好了，对提高国民特别是青少年健康素养意义重大！

2022 年 11 月，在丛书启动会议上，我提出丛书建设要做到心系于民、科学严谨、质量第一、无私奉献四点希望。2023 年 9 月，丛书“健康一生系列”正式出版！丛书建设者们高度负责、团结协作，严谨、创新、务实地推进丛书建设，让我对丛书即将发挥的作用充满了信心，也对健康科普工作有了更多的思考。

一是健康科普工作需把社会责任放在首位。丛书为做好顶层设计，邀请一批院士担任专家指导委员会的成员。院士们的本职工作非常繁忙，但他们仍以极高的热情投入丛书建设中，指导把关、录制视频，担任健康代言人，身体力行地参与健康科普工作。全国广大医务工作者也要积极行动起来，把社会责任放在首位，践行习近平总书记提出的“科技创新、科学普及是实现创新发展的两翼”之工作要求，把健康科学普及放在与医药科技创新同等重要的位置，防治并重，守护人民健康。

二是健康科普工作应始终心系于民。健康科普需要找准人民群众普遍关心的健康问题，有针对性地开展工作，方能事半功倍。丛书每一个系列都将开展健康问题征集活动，“健康一生系列”收集了两万余个来自大众的健康问题，说明人民群众的健康需求是旺盛的，对专家解答是企盼的。丛书组织专家对这些问题进行了认真的整理、分析和解答，并在正式出版前后组织群众试读活动，以不断改进工作，提升质量，满足人民健康需求，这些都是服务于民的重要体现。丛书更是积极尝试应用新技术新方法，为科普传播模式创新赋能，强化场景化应用，努力探索克服健康科普“知易行难”这个最大的难题。

三是健康科普工作须坚持高质量原则。高质量发展是中国式现代化的本质要求之一。健康科普工作事关人民健康，须遵从“人民至上、生命至上”的理念，把质量放在最重要的位置，以人民群众喜闻乐见的方式，传递科学的、权威的、通俗易懂的健康知识，要在健康科普工作中塑造尊重科学、学习科学、践行科学之风，让“伪科学”“健康谣言”“假专家”无处遁形。丛书工作委员会、各编委会坚持了这一原则，将质量要求落实到每一个环节。

四是健康科普工作要注重创新。不同的时代，健康需求发生着变化，健康科普方式也应与时俱进，才能做到精准、有效。丛书建设模式创新也是耳目一新，比如立足不同的应用场景，面向未来健康需求的无限可能，设计了“1+N”的丛书系列开放体系，成熟一个系列就开发一个；充分发挥专业学（协）会和权威专家作用，对每个系列的分册构建进行充分研讨，提出要从健康科普“读者视角”着眼，构建具有中国特色的国民健康知识体系；精心设计各分册内容结构和具有中华民族特色的系列 IP 形象；针对人民接受健康知识的主要渠道从纸媒向互联网转移的特点，设计纸数融合图书与在线健康知识问答库结合，文字、图片、视频、动画等联动的全媒体传播模式，全方位、全媒体、全生命周期服务人民健康等。

五是健康科普工作需要高水平人才队伍。人才是所有事业的第一资源。丛书除自身的出版传播外，着眼于健康中国建设大局，建立编写团队组建、遴选与培养的系列流程，开展了编写过程和团队建设研究，组建来自全国，老、中、青结合的高水平编者团队，且每个分册都通过编写过程的管理努力提升作者的健康科普能力。这项工作非常有意义。希望未来，越来越多的卫生健康工作者能以高度的社会责任感、职业使命感，以无私奉献的精神参与到健康科普工作中，以更多更好的健康科普精品，服务人民健康。

衷心希望，通过驰而不息的建设，丛书能让健康中国、健康素养、健康第一责任人的理念深入人心，并转化为建设健康中国的重要动力，成为国民追求和促进健康的重要支撑。

衷心希望，能以大型健康科普精品丛书为依托，培养一支高水平的健康科普作者队伍，增强文化自信的建设力量，从而更好地为中华民族现代文明贡献健康力量。

衷心希望，读者朋友们积极行动起来，认真汲取《相约健康百科丛书》中的健康知识，把它们运用到自己的生活里，让自己更健康，也为健康中国建设作出每个公民的贡献！

中国红十字会会长
中国科学院院士
丛书专家指导委员会主任委员

2023 年 7 月

相约健康百科丛书

出版说明

健康是幸福生活最重要的指标，健康是1，其他是后面的0，没有1，再多的0也没有意义。提升健康素养，是提高全民健康水平最根本、最经济、最有效的措施之一。党的二十大报告要求，加强国家科普能力建设，深化全民阅读活动。习近平总书记指出，科技创新、科学普及是实现创新发展的两翼，要把科学普及放在与科技创新同等重要的位置。在这一重要指示精神的指引下，人民卫生出版社（以下简称“人卫社”）努力探索让科学普及这“一翼”变得与科技创新同样强大，进而助力创新型国家建设。经过深入调研，团结广大医学科学家、健康传播专家、学（协）会、媒体、平台，共同策划出版《相约健康百科丛书》（以下简称“丛书”）。

为了帮助读者更好地了解和使用丛书，特将出版相关情况说明如下。

一、丛书建设目标

丛书努力实现五个建设目标，即：高质量出版健康科普精品，培养优秀的健康科普团队，创新数字赋能传播模式，打造知识共建共享平台，最终提升国民健康素养，服务健康中国行动落实和中华民族现代文明建设。

二、丛书体系构建

1. 丛书各系列分册设计遵从人民至上的理念，突出读者健康需求和视角。各系列的分册设计经过多轮专家论证、读者健康需求调研，形成从读者需求入手进行分册设计的共识，更好地与读者形成共鸣，让读者愿意读、喜欢读，并能转化为自身健康生活方式和行为。

比如，丛书第一个系列“健康一生系列”，既不按医学学科分类，也不按人体系统分类，更不按病种分类，而是围绕每个人在日常生活中会遇到的健康相关问题和挑战分类。这个系列分别针对健康理念养成，到人生面临的生、老、病问题，再到每天一睁眼要面对的食、动、睡问题，最后到更高层次的养、乐、美问题，共设立 10 个分册，分别是《健康每一天》《健康始于孕育》《守护老年健康》《对疾病说不》《饮食的健康密码》《运动的健康密码》《睡眠的健康密码》《中医养生智慧》《快乐的健康密码》和《美丽的健康密码》。

2. 丛书努力构建从健康知识普及到健康行为指导的全生命周期全媒体的健康知识服务体系。依靠权威学（协）会和专家的反复多次研究论证，从读者的健康需求出发，丛书构建了“1+N”系列开放体系，即以“健康一生系列”为“1”；以不同人群、不同场景的不同健康需求或面临的挑战为“N”，成熟一个系列就开发一个系列。“主动健康系列”“应急急救系列”“就医问药系列”“康养康复系列”“肿瘤防治系列”“心理健康系列”“口腔健康系列”“健康体检系列”在“十四五”期间陆续启动和出版。

3. 丛书建设有力贯彻落实“两翼论”精神，推动健康科普高质量创新发展。丛书除自身的出版传播外，还建立编写团队组建、遴选与培养的系列流程，开展了编写过程和团队建设研究，组建来自全国，老、中、青结合的高水平编者团队，并通过编写过程的管理努力提升作者的健康科普能力。丛书建设部分相关内容还努力申报了国家“十四五”主动健康和人口老龄化科技应对重点专项；以“《相约健康百科丛书》策划出版为基础探索全方位、立体化大众科普类图书出版新模式”为题，成功获得人卫研究院创新发展研究项目支持。

三、丛书创新特色

1. 体现科学性、权威性、严谨性。为做好丛书的顶层设计、项目实施和编写出版工作，保障科学性，成立丛书专家指导委员会、工作委员会和各分册编委会。

第十二届、十三届全国人大常委会副委员长，中国红十字会会长陈竺院士担任丛书专家指导委员会主任委员，国家卫生健康委员会副主任李斌、中国计划生育协会常务副会长于学军、中华预防医学会名誉会长王陇德院士、中国健康促进基金会创会理事长白书忠等担任副主任委员，三十余位院士应邀担任委员。专家们积极做好丛书顶层设计、指导把关工作，录制“院士说健康”视频，审阅书稿，甚至承担具体编写工作……他们率先垂范，以极高的社会责任感投入健康科普工作，为全国医务工作者参与健康科普工作树立了榜样。

人民卫生出版社、中国健康促进基金会、中国计划生育协会、中华预防医学会、中国科普研究所、全国科学技术名词审定委员会、健康报社、新华网客户端《新华大健康》等机构负责健康科普工作的领导和专家组成了丛书工作委员会，并成立了丛书工作组，形成每周例会、专题会、组建专班等工作机制，确保丛书建设的严谨性和高质量推进。

各系列各分册编委会均由相关学（协）会、医学院校、研究机构等领域具有卓越影响力的专家组成。专家们面对公众健康需求迫切，但优秀科普作品供给不足、科普内容良莠不齐的局面，均以极大的热忱投入丛书建设与编写工作中，召开编写会、审稿会、定稿会等各类会议，对架构反复研究，对内容精益求精，对表达字斟句酌，为丛书的科学性、权威性和严谨性提供了可靠保证。

2. 彰显时代性、人民性、创新性。习近平总书记在文化传承发展座谈会上发表重要讲话，强调“在新的起点上继续推动文化繁荣、建设文化强国、建设中华民族现代文明，是我们在新时代新的文化使命”。丛书以“同中国具体实际相结合、同中华优秀传统文化相结合”理念为指导，彰显时代性、人民性、创新性。

丛书高度重视调查研究工作，各个系列都会开展面向全社会的问题征集活动，并将征集到的问题融入各个分册。此外，在正式出版前后都专门开展试读工作，以了解读者的真实感受，不断调整、优化工作思路和方法，实现内容“来自人民，根植人民，服务人民”。

在丛书整体设计和 IP 形象设计中，力求用中国元素讲好中国健康科普故事。丛书在全程管理方面始终坚持创新，在书稿撰写阶段，即采用人卫投审稿平台数字化编写方式，从源头实现“纸数融合”。在图书编写过程中，同步建设在线知识问答库。在图书出版后，实现纸媒、电子书、音频、视频同步传播，为不同人群的不同健康需求提供全媒体健康知识服务。

3. 突显全媒性、场景性、互动性。丛书采取纸电同步方式出版，读者可通过数字终端设备，如电脑、手机等进行阅读或“听书”；同时推出配套数字平台服务，读者可通过图书配套数字平台搜索健康知识，平台将通过文字、语音、直播等形式与读者互动。此外，丛书通过对内容的数字化、结构化、标引化，建立与健康场景化语词的映射关系，构建场景化知识图谱，利用人们接触的各类健康数字产品，精准地将健康知识推送至需求者的即时应用现场，努力探索克服健康科普“知易行难”这个最大的难题。

四、丛书的读者对象、内容设计和使用方法

参照《中国公民健康素养66条》锁定的目标人群，丛书读者对象定为接受九年义务教育及具备以上文化水平的人群，采用问答形式编写，重点选择大众日常生活中“应知道”“想知道”“不知道”和“怎么办”的问题。丛书重在解决“怎么办”，突出可操作性，架起大众对“预防为主”和“一般健康问题”从“为什么”到“怎么办”的桥梁，助力从“以治病为中心”向“以健康为中心”转变。

丛书是一套适合普通家庭阅读、查阅和收藏的健康科普书，覆盖日常生活中会遇到的常见健康问题。日常阅读，可以有效提升健康素养；遇到健康问题时查阅对应内容，可以达到答疑解惑、排忧解难的目的。此外，丛书还配有丰富的富媒体资源，扫码观看视频即可接收来自专家针对具体健康问题的进一步讲解。

《庄子·内篇·养生主》提醒我们：“吾生也有涯，而知也无涯，以有涯随无涯，殆已！”如何有效地让无穷的医学知识转化为有限的健康素养，远远不止“授人以渔”这么简单，这需要以大型健康科普精品出版物为依托，培养一支高水平的健康科普作者队伍；需要积极推进相关领域教育、科技、人才三位一体发展，大力弘扬科学精神和科学家精神；还需要社会各界积极融健康入万策，并在此基础上努力建设健康科学文化，增强文化自信的建设力量，从而更好地为中华民族现代文明建设贡献健康力量。

衷心感谢丛书建设者们和读者们的大力支持，让我们共同努力，为健康中国建设和中华民族现代文明建设作出力所能及的贡献。

丛书工作委员会

2023年7月

前　言

亲爱的青少年朋友：

当你翻开这本书时，或许正被这些问题所困扰——为什么身体的变化让人感到不安？为什么父母的叮嘱总像枷锁？为什么明明渴望被理解，却总在孤独中徘徊？为什么自我怀疑如影随形？

青春期是一段阳光与暴雨交织的旅程。你的身体正在经历奇妙的蜕变：骨骼抽长、声音改变、荷尔蒙涌动……这些变化可能让你感到陌生甚至慌乱，但它们不是缺陷，而是生命赋予你的成长勋章。与此同时，你的内心也在悄然觉醒：你开始在意别人的眼光，渴望证明自己的独特，却又在矛盾中怀疑价值；你会因为一句批评整夜辗转，也会因朋友的疏远心如刀割。这并非“矫情”，而是大脑前额叶与边缘系统的博弈——你正在学习如何驾驶一艘名为“自我”的小船，而风浪本就是必经的考验。

家庭的碰撞或许最让你疲惫。父母口中的“为你好”像密不透风的网，他们的否定与期待让你窒息——尽管他们只是笨拙地想用旧地图为你指引方向。这本书并不是教你如何和父母对抗，而是告诉你试着用“非暴力沟通”打开对话，也许你的呐喊“能不能理解我”，能换来一句“我在听”的回应。

友情的酸甜苦辣同样刻骨铭心。你渴望融入圈子，又害怕失去个性；你为挚友的认可而欢喜，也为她/他的忽视心碎。书中的例子会

陆林院士
说健康

告诉你：真正的友情不是完美契合，而是彼此照亮。当某段关系让你疲惫不堪时，放手不是失败，而是给真正的同伴留出相遇的空间。

而当你被情绪吞噬，烦躁得像野火燎原，孤独如寒冰刺骨，自我否定仿佛黑洞般吞噬希望，请记住：这不是你的错。本书中揭开了焦虑、抑郁、强迫症背后的科学面纱：它们不是妖魔，而是身心发出的求救信号。你会看到，心理治疗是如何像拆解一团乱麻般梳理创伤，药物又是如何像修复电路般调节神经递质，而跑步时飙升的内啡肽、画笔下的斑斓色彩、音乐中震颤的共鸣，都能成为你亲手点燃的火把。

书中的每个问题都是我们精心设计的解密关卡，每个答案都是为你量身定制的“秘籍”。衷心感谢本书“编者天团”的倾情付出，感谢审稿专家们的指导，感谢李煦、张蕾二位秘书过去数月全天候在线的辛勤工作。最后，要特别感谢正在阅读此书的青少年和家长们，给予我们彼此对话的机会。

这不是一本答案之书，而是一张由理解编织的安全网。愿这些文字成为背包里的指南针，将那些凌晨三点的眼泪、摔门而出的怒吼、心中划过的刺痛，指往向阳而生的勇气。让我们陪你一起，向光而行。

赵　敏

2025 年 4 月

目 录

第一章 探索自己

一 我的变化 2

1. 青春期的身体变化让我苦恼，怎么办 3
2. 为什么我总是想发表自己的意见 5
3. 如何才能不那么在意周围人对我的看法 7
4. 为什么我会经常反驳别人 9
5. 为什么我总是想创造奇迹 11
6. 为什么我特别在意自己的形象 13

二 我的情绪 15

7. 为什么我总是容易发火或烦躁 16
8. 有时候觉得自己特别没用怎么办 17
9. 情绪不好的时候为什么我什么事也做不了 19
10. 看到同学被老师表扬，我为什么不开心 21
11. 为什么我总是感到矛盾或犹豫 23
12. 为什么家长总说我太敏感 25
13. 上一秒开心，下一秒难过，我到底怎么了 27

三　我的家庭　29

14. 家人总是不能理解我怎么办　30
15. 离 100 分还差得远：父母是否对我要求过高　32
16. 从“婴儿车”到“人生方向盘”：父母为何不肯松手　34
17. 为何父母总是挑剔我　36
18. 为什么我一想到以后要离开家人就很不安　38

四　我的朋友　40

19. 为什么我融入不了朋友的圈子　41
20. 为什么我特别渴望好友的认可和支持　43
21. 我可以反对我最好的朋友吗　45
22. 为什么我会希望和她 / 他交流　48
23. 朋友离开了，我为什么会感到痛苦　50
24. 为什么即使在人群中我也总是感到很孤独　52

第二章　看到困惑

一　我和父母亲　56

1. 为什么我总觉得父母在控制我　57
2. 为什么我会经常和父母发生争执　58

3. 为什么父母对我很严厉 60
4. 为什么父母几乎不管我 62
5. 父母吵架真的不是我的错吗 64
6. 为什么我从来得不到父母的表扬 66
7. 为什么我喜欢的东西父母都反对 68
8. 我为什么会和父母发生极大的冲突 70
9. 为什么我特别反感父母再生一个孩子 72
10. 为什么我就是想做一些父母反感的事情，比如抽烟 74

二 我和情绪 76

11. 你愤怒的时候有过头痛的感觉吗 77
12. 什么原因让我总是控制不好自己的情绪 79
13. 在陌生人出现的场合总是很害羞是怎么回事 81
14. “我不如别人”这种感觉从何而来 83
15. 为什么我面对失败的时候总是情绪崩溃 85
16. 为什么我总是对父母的言语暴跳如雷 87
17. 为什么我情绪糟糕的时候会想要毁灭别人 88
18. 为什么我在失恋的时候情绪差到极点 90
19. 为什么我无法忍受痛苦 92
20. 为什么我总是在冲动行为过后感到非常后悔和懊恼 94
21. 为什么我无法面对别人的批评 96
22. 为什么我遇到很小的难题也会坐立不安 97
23. 为什么我即便成功了也开心不起来 99

24. 为什么我总是担心一些没有发生的事情 101

三 我和他人 104

25. 怎样打破“话题终结者”的社交磁场 105
26. 格格不入？让不合群变成超能力 107
27. 为什么他 / 她不喜欢我了 109
28. 为什么我周围的人会违背我的意愿 111
29. 为什么我会不信任我的老师 113
30. 为什么我会被人在网上造谣 114
31. 为什么我每段友情持续的时间都不是很长 116
32. 总被别人欺骗和欺负是我的问题吗 118
33. 为什么我只喜欢在社交媒体与人交流 120
34. 为什么我只有在线上才能交到朋友 122
35. 为什么我觉得周围人的眼光都在指责我 124
36. 为什么我总是和周围人发生争吵 126
37. 与老师爆发过激烈争吵，我该如何面对 128

四 我和学习 131

38. 我为什么会厌学 132
39. 为什么我做作业总是喜欢拖延 134
40. “聪明药”真的能提高考试成绩吗 136

五 我和喜好 139

41. 为什么我特别喜欢和同性一起玩 140

42. 为什么我特别喜欢喝某种治疗咳嗽的药水 142
43. 为什么我会喜欢上饮酒和抽烟 144
44. 网络游戏为什么那么吸引我 146
45. 为什么我离不开购物 148
46. 我喜欢追星有错吗 149
47. 喜欢喝功能性饮料正常吗 151
48. 为什么我超爱拆盲盒 153
49. 喜欢穿“异性的服装”有问题吗 155

六 我和生命 158

50. 为什么我总觉得活着没什么意思 159
51. 为什么我想要伤害自己 161
52. 为什么我有时会觉得对不起周围的人 163
53. 生活为什么让我感觉很辛苦 164
54. 为什么我特别喜欢生命力旺盛的人和事物 166
55. 经常思考人活着的意义是怎么回事 168
56. 如何不再恐惧“生命有限”的话题 170

第三章 了解问题

一 我的焦虑 174

1. 上台、考试前心跳加速、手脚冒汗究竟咋回事 175

2. 为什么很多事情发生之前我就会觉得“有坏事要发生” 177
3. 为什么我总是觉得身体不舒服，但查不出原因 180
4. 为什么我只是身体不舒服，却被告知要去精神科 182
5. 为什么我紧张的时候，会感觉时间特别漫长 184

二 我的恐惧 187

6. “恐高”是胆子小吗 188
7. 为什么我会特别害怕密闭的地方 190
8. 为什么我在空旷的场所特别害怕 192
9. 为什么我会突然产生紧张感且无法控制 194
10. 为什么我明明身体健康，但有时会突然像马上要死了那样难受 196

三 我的强迫 198

11. 为什么我总是控制不住想问一些“没有意义”的问题 199
12. 为什么我总觉得手没洗干净而反复洗手 201
13. 为什么我做事总是追求完美，否则就会觉得不舒服 204
14. 为什么会得强迫症 207
15. 多年来强迫症状“如影随形”，为何自行缓解遥不可及 210

四　我的抑郁　212

16. 为什么我的身体不舒服，但医生却说我得了抑郁症　213
17. 为什么我的家人不相信我得了抑郁症　215
18. 为什么好的事情也不能让我开心起来　218
19. 为什么抑郁症需要及时治疗　220
20. 为什么抑郁的我会突然失去胃口或者暴饮暴食　222
21. 为什么我会感到无助和绝望　225
22. 为什么我觉得伤害自己之后情绪就得到了释放　226
23. 我的心情总是在晚上才会好一点，为什么　229
24. 为什么抑郁的人会是我　230

五　我的躁狂　233

25. 为什么我感觉自己无所不能，医生却说我是躁狂发作　234
26. 躁狂发作时为何我会突然倾向于做很多冒险的事情　236
27. 为什么我会觉得脑子里有很多想法不停地冒出来　238
28. 为何我会突然变得特别健谈，无法停止说话　240
29. 即使睡眠时间很短，我也不会感到疲倦，这是怎么回事　241

六 我的饮食 244

30. 为什么别人都觉得我很瘦，但我还是觉得自己胖 245
31. 我常常暴饮暴食之后又要吐掉，是不是不正常 246
32. 因为怕胖而过度控制饮食有哪些危害 249
33. 为什么我心情不好的时候就想吃东西 251

七 我的睡眠 254

34. 为什么我不看手机就睡不着觉 255
35. 为什么白天一直睡还是觉得累 257
36. 为什么我躺在床上总是需要很长时间才能睡着 258
37. 为什么我总是做噩梦 260
38. 为什么我很晚睡着却在凌晨醒来 262
39. 为什么我睡眠不好的时候，白天昏昏沉沉 264
40. 为什么我的睡眠会影响情绪 266
41. 为什么我睡着后会惊醒 268
42. 为什么我喜欢白天睡觉，晚上却睡不着 270
43. 为什么白天学习越是紧张，我晚上越是想刷手机 272

八 我的社交 274

44. 为什么我特别不喜欢社交 275

45. 为什么我在人多的环境中特别不自在 277
46. 为什么我在有陌生人的场合讲话会觉得心慌、大量出汗，甚至呼吸急促 279
47. 为什么我在学校和别人发生了冲突会不想去学校 281

第四章 拥抱阳光

一 心理治疗知多少 286

1. 为什么医生建议我做心理治疗 287
2. 为什么心理治疗有用 290
3. 为什么我生病了，却要爸妈和我一起治疗 292
4. 为什么我一周要治疗 3 次，而别人一周只需要治疗 1 次 294
5. 为什么心理治疗要限制时间 297
6. 心理治疗做了这么久怎么还没好转 298
7. 为什么我的心理治疗方案和别人不一样 300
8. 心理治疗可以想来就来，想不来就不来吗 302
9. 为什么我经常看到有人哭着从治疗室里走出来 304
10. 为什么我都停药了还需要做心理治疗 306

二　药物治疗要不要　309

11. 吃了精神科的药，我怎么秒变“瞌睡虫”啦　310
12. 对于精神类药物的使用，为何不可任性　312
13. 我感觉都恢复正常了，为什么还要继续吃那么久的药　313
14. 为什么同样的病，他的药和我的药不一样　315
15. 为什么吃完药后我会不舒服　318
16. 为什么我需要吃药，别人却不需要　319
17. 为什么我老是会忘记吃药　320
18. 为什么爸妈总是担心我吃药了会变傻　322
19. 为什么我总害怕吃药会上瘾　324
20. 为什么有的药早上吃，有的药晚上吃　326

三　其他调整 / 治疗有用吗　328

21. 为什么运动能帮人摆脱烦恼纠缠　329
22. 免费的快乐源泉你确定不要吗　331
23. 怎样利用“心流”来提高效率　333
24. 为什么吃某些食物能让我心情愉悦　335
25. 为什么我听音乐时情绪能放松　338
26. 为什么跟人聊一聊会感觉好点　340
27. 为什么医生建议我多交朋友　342
28. 为什么腹式呼吸会让人放松　343
29. 为什么每次拿起画笔画画，我的烦恼就消失了　345

第一章

探索自己

我的变化

1. 青春期的**身体变化**让我苦恼，怎么办

关键词

青春期　身体变化　心理发展

进入青春期，萌萌有很多苦恼，长高伴随的腿部生长痛让她情绪低落；青春痘及乳房发育让她感到自卑和害羞。与萌萌不同的是，好友小柒却因身体发育变得更加自信，她喜欢穿不同款式的衣服以展示自己的身材。上初中后，萌萌觉得小柒和自己变化都很大。萌萌觉得穿裙子的小柒很好看，却觉得自己的乳房发育是件羞耻的事情，所以不得不穿宽松的衣服遮盖。

专家说

萌萌为什么会有这样的烦恼？

青春期是人生中非常重要的一个阶段，男生女生在生理和心理发展方面都发生着较大变化。伴随骨骼生长出现肢体疼痛。男孩子睾丸和阴茎开始增大，出现阴毛、腋毛，声音变低沉，喉结突出，胡须开始生长等。女孩子乳房发育、乳头增大，骨盆变宽，臀部变圆，出现阴毛、腋毛，发生月经初潮等。心理发展的变化与生理变化息息相关。由于身体发生了变化，青少年的自我意识逐渐增强，开始关注自己的身体形象；情绪易波动，变得更敏感且容易受外界影响——尽管这一时期会有一些烦恼，但这些都是正常的心理发展。

我们该如何应对这样的烦恼?

(1)应对身体变化

1)了解正常发育过程，学习生理知识，接受个体差异。

2)保持身体卫生及健康，进行适当皮肤护理，合理饮食与运动。

3)学会处理特殊生理现象，对生长痛、月经、遗精等情况合理应对或及时寻求专业人员的帮助。

(2)应对心理及情绪变化

1)认识情绪波动，合理表达及宣泄情绪，保持积极心态。

2)接纳自身变化，建立自我认同，探索自身兴趣及优势。

3)寻求帮助和支持，与父母、同龄人、老师或医生等信任的人交流，获得理解。

健康术语

生长痛

生长痛是指儿童、青少年在生长发育过程中出现的短暂性、间歇性的肢体疼痛，通常发生在下肢（如大腿、小腿、膝盖周围），生长痛是儿童成长过程中的常见现象，虽然可能会令其感到不适，但通常不会对其身心健康造成长期影响。

（谭　慧　阿怀红）

2. 为什么我总是想发表**自己**的**意见**

关键词

独立 自我意识

如果你开始想要表达个人观点，恭喜你在成长中又迈出了重要一步——你已不再是那个完全依赖大人的“跟屁虫”了。青春期的你渴望发表自己的见解，是非常正常的现象。因为独立意识和自我意识就是青春期心理发展的核心特征。通过表达意见、想法和需求，甚至有时与大人争论或“对立”，你逐渐想展示自己的主张，彰显自主权和独立性，寻求认可和尊重，这个过程也是你探索自我身份、价值和意义的重要途径。

专家说

我表达自己意见时总是容易跟人吵架，该怎么办?

在表达意见时，可以尝试减少攻击性，比如不随意打断别人；试着让别人先发言，并主动询问别人的意见；当意见不同时，学会用“我”开头的句子表达观点，如“我不太赞成这种想法，因为我觉得这样可能会……”，避免侮辱或批判对方的句子，如“这个主意真傻”“他真是个笨蛋”。此外，可以找一个生活中的榜样，跟他 / 她学习如何温柔而坚定地表达自己的意见。

为什么有人总是不敢表达自己的意见？

他们可能缺乏自信，担心自己会被忽视、被拒绝或会遭人讨厌。他们需要练习如何化被动为主动，首先学会意识到自己的需要；当被征询意见时，避免说“我不知道”“没关系”“我不在乎”；从小事情开始练习如何用“我”开头的句子（我想要、我喜欢、我感觉）自信地表达自己的需求；告诉自己，意见被拒绝只是因为观点不同，并不代表你不好。同时，时时提醒自己，你的想法、意见和别人的同样重要。

健康术语

自我意识

自我意识是个体对自身存在的觉察。它包含对自己的生理状态，如身高、外貌，心理特征，如性格、能力，以及自己与周围人关系的认知。通过自我意识，我们能够评价自己，产生自豪或自卑的情感体验，还能主动调整自己的行为和思想，以更好地适应环境和实现个人成长。自我意识是个人了解自我、塑造自我的重要基础。

（曾庆枝）

3. 如何才能不那么**在意**周围人对我的**看法**

关键词

自我认同　社交紧张

小林进入初中后发现自己总是很在意别人的看法，似乎有“读心术”，能解读出他人看自己的眼神所代表的意思，例如：感到对方嫌弃自己，不想搭理自己，不认同自己所说的内容等；在班级中，小林似乎总感到别人窃窃私语是在议论自己，因此在社交中十分紧张，担心别人误会自己。严重的时候小林甚至将自己封闭起来，拒绝一切社交。

专家说

为什么以前不会在意别人的看法，而到初中后别人的看法却变成了我的苦恼?

心理学家埃里克森提出，青春期的重要心理发展任务是发展自我同一性，也可理解为自我认同。此时，青少年需要不断通过与周围人互动及所收到的反馈来更深刻地认识自己，例如“我是怎样的人”“我在班级中扮演什么样的角色”“我有多大把握去解决一些事情”“我的成就感与价值如何体现”“我存在的意义是什么”等。因此，青春期的孩子会很在意别人的看法。

当我们面对和小林同样的困惑时，该如何调整？

人际互动是积极自我认同感的重要组成部分。自我觉察能帮助我们对现实情境进行客观分析，从而形成正确的自我认知。

例如：我看到他盯着我，此刻感到有些紧张，我想要离开这里。试着借助“觉察”这第三只眼睛来观察自己当下的情绪、想法和行为以及他们之间的关系。

原来的反应

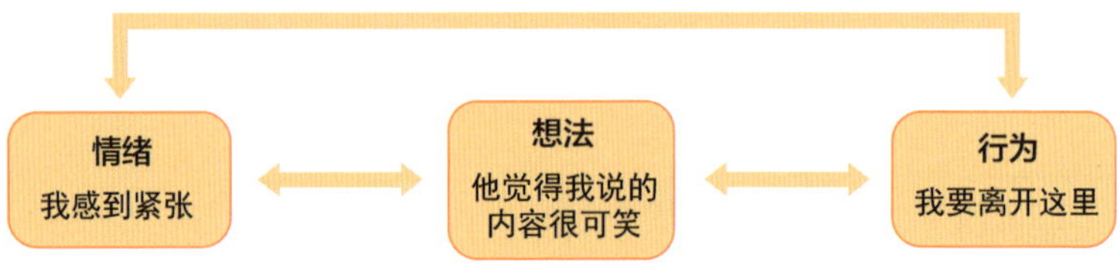

调整后的反应

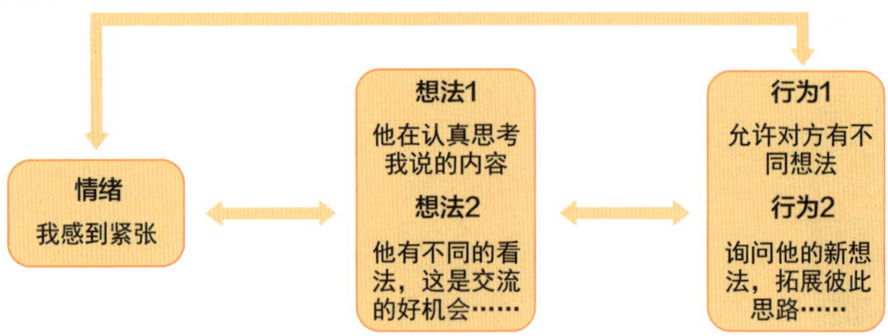

（韩思娜　阿怀红）

4. 为什么我会经常**反驳**别人

关键词

习惯性反驳　心理防御机制

小敏最近感到有些困惑，她发现自从初二新学期以来，自己与班上好多同学聊不到一起，小敏觉得他们很幼稚，例如：同桌竟然在下课时间跑去和低年级的同学玩耍；此外，有几个同学还在午休后一起玩“一二三木头人”的游戏，这么大了，也太幼稚了吧；还有就是班主任反复强调让大家记得每天吃早饭，说什么吃早饭有助于记忆或背诵，分明是瞎说，吃早饭怎么会有助于记忆背诵呢，吃早饭可能导致大脑缺氧反而会犯困。“真是搞不懂他们，一帮人，什么也不懂！”小敏总是这样想。

专家说

小敏为什么会烦恼？

小敏的烦恼来源于自己还没有意识到的习惯性反驳心理，表现为不管对方说什么，都要进行反驳，久而久之将自己带入了负面的情绪黑洞，也对自身的人际关系产生消极影响。

为什么会出现这种反驳心理呢？

心理学研究表明，通常在自我认知方面存在一定缺陷的个体更容易与他人发生争执，这并不仅仅是因为他们喜欢争论，还因为他们在通过反驳来寻求自我价值的认同感和优越感。这种习惯性的反驳背后其实是一种心理防御机制，隐藏在背后的往往是一种自卑感，他们担心他人会质疑或者否定自己，所以想提前通过这种反驳来自我保护，以此来缓解内心的焦虑和不安。

健康术语

心理防御机制

心理防御机制是指个体面临挫折或冲突的紧张情境时，心理活动中具有的自觉或不自觉地试图解脱烦恼，减轻内心不安，恢复心理平衡与稳定的一种适应性策略。

健康加油站

让我们来教教小敏，怎么减少这种烦恼

（1）提高自我意识——觉察自己的言行，总结优缺点。

（2）学会倾听——面对意见不一致时，先倾听对方的观点，尝试理解。

（3）控制情绪——合理表达自己的情绪，通过深呼吸等方式进行情绪调节。

（4）调整沟通方式——尽量避免直接对立，承认对方观点中合理的部分。

（5）倾向于同理心——学会换位思考，尝试理解对方的动机，促进沟通。

（6）寻求专业帮助——如果造成自我无法调适的困扰，可寻求专业的心理咨询。

（柴　爽　阿怀红）

5. 为什么我总是想创造**奇迹**

关键词：创造力　幻想

12 岁的小明今年上初一，经常幻想着自己能创造奇迹：例如参加数学竞赛，就想自己能得特等奖；参加武术比赛，想着自己能拿金牌；甚至有时还会想象自己是“蜘蛛侠”样的人物。虽然总是不能达到目标，但他并不气馁。

专家说

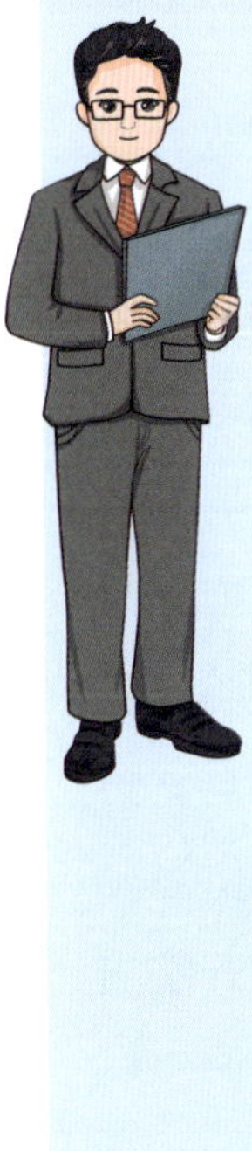

幻想自己能创造奇迹，简直是青春期的标准配置！这主要有以下几方面原因。

（1）创造力发展的年龄特征与规律：青少年时期是创造力发展的关键时期，在这个阶段，孩子们的思维方式具有跳跃性，想象力丰富，这使他们更倾向于尝试创造奇迹。

（2）自我意识的发展：青少年内心的“成人感”和“半成熟状态”之间的矛盾，促使他们渴望通过创造奇迹来证明自己的能力，并试图在社会中确立自己的地位。

（3）理想自我与现实自我的矛盾：青少年在心理上追求理想自我，但现实自我与理想自我之间存在差距。他们渴望通过创造奇迹来缩小差距。

（4）社会文化的影响：在当今的文化中，创造奇迹被视为英雄行为，这可能会激发个体追求非凡成就的愿望。

（5）情绪动机和自我管理能力：青少年的创造性发展受情绪动机和自我管理能力的影响较大。他们对新事物充满好奇心和探索欲，同时也对成功有较强烈的渴望。

（6）创造性思维的发展：青少年时期创造性思维发展呈现出两个波峰（11~13 岁，15~16 岁）的发展趋势，这个时期的青少年更倾向于展现创造性思维，包括发散思维和聚合思维。

健康加油站

家长如何帮助孩子把想象或幻想的内容变为现实?

家长可以激发青少年的好奇心和求知欲，为儿童和青少年提供实现他们想法所需的资源和工具，让他们能够将想法具体化，比如问问儿童为什么想象是蜘蛛侠，蜘蛛侠有怎样的特质，我们可以拥有哪些与他一样的特质；还需要引导儿童和青少年学会批判性地思考问题；帮助他们设定具体的目标，并制订实现这些目标的步骤和计划；鼓励他们通过实践和实验来测试自己的想法，并为他们提供积极的反馈和指导；分享与其想象或幻想相关的正面案例，为他们提供激励和榜样；引导他们了解耐心和毅力的重要性，并学习如何面对挑战和失败；提供安全的环境，让他们可以自由地表达自己的想法，不必担心被嘲笑或批评。

（曹庆久）

6. 为什么我特别在意自己的形象

关键词

自我形象 容貌焦虑

小美从小是个大大咧咧的女孩，经常和男孩一起玩，喜欢各项体育活动，但不太注意自己的衣着。上初中后，小美似乎变了一个人，开始在意自我形象，对于容貌和着装都格外重视，每天花很长时间照镜子，穿衣服也要精挑细选，小学的同学都很惊讶，小美怎么一下子变得这么“淑女”了？

专家说

青春期的男孩和女孩正处于发育阶段，很在意自己形象是很正常的一种现象，具体原因如下。

（1）自我意识的增强：青春期是个体自我意识发展的关键时期。随着生理发育的加速和性发育的成熟，青少年开始更加关注自己的外貌、能力和自己在他人眼中的形象。

（2）身份认同的探索：青少年开始思考“我是谁”以及“我将成为谁”等问题，这一过程通常伴随着探索和尝试。他们通过不同的社交圈子、兴趣爱好以及生活方式来探索身份认同。这个过程中，外在形象成为了他们探索自我认同的一个重要方面。

（3）性意识的觉醒：青春期是性意识开始觉醒的时期，青少年开始对异性好奇并产生兴趣。这种性意识的觉醒使得他们更加关注自己在异性心目中的印象和评价，从而更加在意自己的外在形象。

（4）生理变化的影响：青春期的身体变化，如身高、体重、体态等，对青少年的心理构成一定的冲击。这些生理变化引起了他们对自己的身体、容貌、风度和气质等方面的关注。

（5）社会文化的影响：青少年对身体变化的意义和重要性的解释，以及对他人反应的理解，都受到社会文化模式的影响。他们开始模仿成年人的举止、行为和态度，并要求周围的人像对待成人一样对待他们。

（6）情绪和社交需求的变化：青春期的情绪不稳定和社交需求的增加也会影响他们对自身形象的关注。青少年可能在体型、容貌、姿态和语言等方面对自己不满意，从而产生自卑、羞怯和忧愁等情绪。

（7）对外界评价的敏感性：青少年受到肯定和赞赏时，会产生强烈的满足感；而受到批评和否定时，则会产生强烈的挫败感，因此青少年对自身形象的过度关注可能与在意外界评价有关。

（曹庆久）

二

我的情绪

7. 为什么我总是容易**发火**或**烦躁**

关键词

易怒　神经递质失衡

生活中，烦躁和易怒的情绪时常困扰着我们，尤其是面对压力或不如意的事情时。很多青少年发现自己常常因为一些小事就轻易发火，甚至有时自己也搞不清楚情绪为何会失控。这些现象的背后，其实涉及大脑、神经系统进行情绪调节的复杂机制。情绪反应不仅与个人的压力、生活方式密切相关，还与大脑中神经递质的平衡有着紧密联系。

专家说

我们大脑内有一个“报警系统”，当我们感到威胁、压力或需求无法得到满足时，它就会发出信号，激活应激反应，引发情绪波动。比如，面对繁忙学业压力或复杂的人际关系时，缺乏有效的应对策略，会让青少年容易陷入焦虑或愤怒的情绪状态。而这些情绪不仅是对外部事件的反应，还与我们如何看待这些事件和如何应对压力密切相关。此时，大脑“情绪控制中心”的变化就好像水壶里的水慢慢加热，压力积累到一定程度时情绪就会“沸腾”。此外，神经递质（如去甲肾上腺素、血清素等）在情绪调节中也起着重要作用，它们就像大脑中的“信使”。当去甲肾上腺素水平升高时，我们会感到紧张和焦虑；而血清素不足则可能导致情绪波动大，容易焦虑或烦躁。因此，神经递质的失衡是导致情绪不稳定的一个重要原因。

我们可以从以下几方面入手，尝试着管理情绪（表 1-1）。

表 1-1　管理情绪的实用方法

学会放松	通过冥想、深呼吸或渐进性肌肉放松等技巧，可以有效减轻身体的紧张感，缓解情绪压力。
运动	规律的运动不仅能改善身体健康，还能帮助释放情绪，提升积极的情绪体验。
情绪识别与调整	当情绪开始波动时，学会及时识别自己的情绪，并采取适当的应对策略。
合理安排时间	通过科学规划时间，避免过度工作和压力积累，确保自己有足够的休息时间，减轻压力对情绪的负面影响。
寻求支持	如果情绪问题变得严重，可以寻求专业的心理帮助或与信任的人交流，释放情绪并获得支持。

健康云课堂

为什么青春期孩子总是
情绪波动大、易怒、烦躁

（张凯尧　于东升）

8. 有时候觉得自己特别**没用**怎么办

关键词　情绪发展　自信心

以前，小明是个开朗、乐观的孩子，但是性格要强，经常把自己和同学作比较，小学阶段学习成绩一直名列前茅。进入初中后，小明的学习成绩下降，在班级里处中等水平，他近期总是感觉自己特别没用，有时会垂头丧气。

专家说

在成长过程中，随着自我意识的觉醒，儿童逐渐发展出更为复杂的情绪，例如内疚、羞愧和自豪等，这是正常的情绪发展。情绪与自我评价紧密相关，当青少年在某些活动中未能达到预期目标或感受到失败时，可能会自我否定，觉得自己“特别没用”，这种负面情绪往往在青春期达到顶峰，成年早期开始逐渐下降；青少年可能还没有学会如何有效地管理和调节自己的情绪，当遇到挫折或困难时，他们可能不知道如何适当地表达和处理这些情绪，也会导致自我价值感受到负面影响；青少年在社会化过程中，会逐渐开始关注他人对自己的评价和比较。他们可能会因为与同伴相比表现不佳而感到自己不够好，这种社会比较可能导致自我价值感的下降。

当然，这种感觉自己“特别没有用”的体验一般是短暂的和情境性的，如果这种感受持续存在，且伴有情绪低落、兴趣减退、精力下降等，自己很难调整，这时建议到专业的心理机构进行咨询。

健康加油站

青少年如何树立自信心？

自信心是一种个人对自己能力、价值和判断的信任和信念。它涉及相信自己能够成功应对挑战、实现目标和克服困难的能力。

树立自信心，可以从设定、实现小目标开始，每完成一个小目标，都会增加自己的成就感和自信心；当自己实现小的目标、取得小的成就时，就进行相应的庆祝，这有助于强化积极行为和结果之间的联系；每天对自己说积极鼓励的话，也有助于增强信心；避免与他人过度比较，总结自己的长处以及成功经验也有助于树立自信；健康的饮食、适量的运动和充足的睡眠，有助保持稳定的情绪，增强自信；积极参与社交活动，建立稳定、亲密的伙伴关系，也有利于增强自信。

（曹庆久）

关键词
情绪　认知　动力

9. **情绪不好**的时候为什么我什么事也做不了

情绪不好会损害认知功能，包括大脑加工、储存和提取信息的能力，影响感知觉、记忆力、注意力、理解力、判断力和想象力等。这会导致我们注意力难以集中，记忆力下降、反应迟钝、判断力减弱，更倾向于产生负面想法，即使有能力完成的事也会认为自己做不到。此外，情绪不好还会消耗精力，让人感到疲倦无力，对事物失去兴趣和动力。在青少年这个阶段，负责情绪处理的边缘系统高度活跃，而控制冲动和理性思考的前额叶皮层尚未成熟，导致情绪调节能力较弱，所以情绪不好时，青少年就更容易产生“什么也做不了”的感觉。

专家说

改善情绪，我可以做什么？

我们的大脑分泌有四种“快乐物质”：多巴胺（“奖赏”激素）、5-羟色胺（情绪“稳定剂”）、催产素（爱的激素）和神经内啡肽（天然止痛药）。一些小技巧，比如健康饮食、规律作息、晒太阳、运动、冥想、找信任的人倾诉、和小动物玩耍、和朋友相处、听音乐、画画、写日记、微笑、旅游等，可以在情绪低落时促进这些“快乐物质”的分泌。你可以列出所有让你开心的事情，做成一张专属的愉悦事项清单。当情绪不好时，从中找出当下你能做的事情，可能会带来让你意想不到的情绪改善效果。

健康加油站

情绪不好时怎么提升自己做事情的动力呢？

有些人误以为只有情绪好了才有做事情的动力，所以一直等待情绪的恢复。实际上，动力是可以在行动中激活的。做得越多，动力和情绪恢复得越快。例如，情绪低落时，你可能耷拉着脑袋，弓着背，但当你主动抬头挺胸时，会明显地感觉到情绪会变得更积极，有活力。因此，不要等待情绪完全好了才开始行动，而是通过行动来恢复情绪和动力。当然，情绪不好时，我们做事情的能力会下降，所以一开始不要给自己设定过高的目标，而是从一些力所能及的小事或平时喜欢的事情开始。比如，给自己一个微笑、出门倒垃圾、叠好衣服等。每一次小行动的完成都能带来掌控感，积累积极的情绪和认知，最终带来显著变化。但如果你的情绪低落到已经严重影响到日常生活和学习，除了自助，还需要寻求专业人士的帮助。

（曾庆枝）

关键词

嫉妒　攀比心　情绪

10. 看到同学被老师表扬，我为什么**不开心**

在生活中，你是否曾看到别人取得比自己更优秀的成绩，心里感觉酸酸的，不由得怨恨着“自己一直在努力，为什么还是不能像他一样轻松地获得成功”。“嫉妒”这个小情绪，就在这个时候悄然滋生。多项心理研究表明嫉妒的产生有两个主要原因：一是对自身过高的期望，二是对他人境遇的误解。因此，缺乏对自身价值的主观认可和对他人情况的全面了解，甚至对他人的优势产生不切实际的幻想时，就容易产生嫉妒情绪。

专家说

什么是嫉妒心理?

嫉妒心理，是指个人在与他人竞争时被超越，因挫败感而产生痛苦、怨恨等强烈的情绪体验，甚至出现敌视、报复的心理。被嫉妒的对象，一般是身边熟悉的人，如同学、同事或同伴等，即嫉妒者只嫉妒与自己条件相同或相近的人。心理学认为，嫉妒是人类的一种本能，是一种试图缩小差距、实现原有关系平衡、维持自身生存与发展的一种心理应激防御反应。

如何处理心中的嫉妒情绪?

面对嫉妒情绪，我们如何与这种情绪和谐相处，而不使其成为负能量的源泉呢？首先，我们要理性认识自己，每个人都有自己的优势和特长，重要的是要理性地认识和挖掘，同时，我们也应当努力培养自信，珍视自己的独特性，学会善待自我，不必苛求完美。其次，我们要正确地看待他人，正视他人的成绩和优势，将他人的成功视为激励，而不是威胁。要勇敢承认对方有比自己更高明、更优越的地方，纠正和克服自己的短处，不盲目与他人比较，这样就能从病态的自尊心和自卑感中解放出来，从而将精力从攀比转向提升自我。

健康术语

情绪与情感

情绪是人对反应内容的一种特殊态度，它具有独特的主观体验、外部表现，并伴有相应的生理反应。情感是指同人的高级需要的满足与否相伴的体验。人类的情绪和情感不同于其他心理活动，具有丰富多彩、起伏较大的特点，既呈现喜、怒、哀、乐、悲、恐、惊等主观体验，又有变化多端的外部行为表现。

（王玉鹏　于东升）

关键词

矛盾　犹豫　焦虑

11. 为什么我总是感到矛盾或犹豫

你是不是常常觉得自己心里特别矛盾，做事的时候犹豫不决，想要努力学习但又想出去踢球、玩游戏？想要父母少些唠叨却又期望父母对自己多加关注？进入青春期后，青少年的身体快速发育，激素水平波动大，情绪行为也容易受到影响，时而冲动，时而又退缩，导致他们的行为出现矛盾。同时，青少年的自我意识也逐渐增强，既想独立又依赖父母，认知在发展但还不够成熟，对事物看法经常有变化。这是正常的现象，无须担心。

专家说

当处于矛盾或犹豫状态时，生理上有哪些反应？

神经系统方面，大脑负责决策等的区域如前额叶皮质、杏仁核高度活跃，神经递质如多巴胺、血清素分泌波动，容易影响情绪。身体机能方面，肌肉会不自觉紧张，像肩、颈、背部肌肉易酸痛僵硬；心跳往往加快，血压出现波动，对心血管健康有潜在危害；呼吸也会变得急促、不规律，导致氧气摄入和二氧化碳排出不畅，引发头晕、乏力等，进而干扰清晰思考与身体的正常运作。

矛盾或犹豫是否是焦虑障碍？

矛盾和犹豫是常见的心理状态，很多人在面对多种选择、利弊权衡时会出现纠结的情况，这在决策过程中是正常的，通常在做出决定或情况改变后就会缓解。而焦虑障碍是一种心理疾病，除了有过度的担忧、紧张、不安等情绪外，还伴有一系列身体症状，像心慌、手抖、出汗、失眠、呼吸困难等，且这些症状持续时间较长，会对日常生活、工作、学习等造成明显干扰和损害。所以，单纯的矛盾或犹豫并不是焦虑障碍。

健康加油站

减少矛盾或犹豫心理的方法有哪些?

遇到矛盾的问题时，把内心的矛盾点、犹豫的原因写下来，或与信任的人倾诉，或向父母、老师、朋友等请教，厘清思绪，分析不同选择可能带来的结果，但别想得过于严重，明白大多后果是可承受的，最终自己拿定主意。如果不清楚自己真正想要什么，可以先从一些小目标开始尝试做决定，比如今天穿什么、周末怎么安排，在日常小事上锻炼自己的果断行动，从而积累经验。

（袁　婷　于东升）

12. 为什么家长总说我太敏感

关键词

敏感性　情绪管理

青少年时期，我们常被家长贴上“敏感”的标签，这让许多孩子困惑不已。敏感性，不过是对外界刺激的反应程度，是成长的印记，是自我意识增强的体现。然而，家长可能误解了我们的情绪波动，忽视了我们的情感需求。我们不需要被“敏感”束缚，而是需要通过沟通，让每一次情感的触动都成为我们成长的助力。

专家说

青少年阶段，大脑与神经系统尚未完全成熟，因而他们对外界情绪、环境和社会互动的反应尤为强烈。这种敏感性使得他们更能深刻体验和理解情感，但也可能使他们对于批评与压力反应过度。

为什么家长会觉得青少年太敏感呢？这可能是因为家长对青少年正常的心理成长过程不了解。同时，作为家长，他们会期待自己的孩子从青少年时期开始能够快速适应社会压力，却忽略了其情绪管理和自我调控能力尚在发展，还没有那么成熟。因此，面对青少年的敏感反应，家长或许会轻率地贴上“太敏感”的标签。

健康术语

情绪管理

情绪管理是个体对自身情绪的辨识、理解、表达及调控能力。对青少年来说，这是一项至关重要的生活技能，既能帮助他们构建和谐的人际关系，又能让他们从容地面对生活中的挑战，还可以促进个人成长。这包括识别情绪触发的因素，学习表达情绪的适当方式，以及采取适当的行动来调节情绪状态。

（张　傲　杨雪菲　于东升）

13. 上一秒**开心**，下一秒**难过**，我到底怎么了

关键词

前额叶　边缘系统　愤怒管理

青春期的情绪不稳定是正常心身发育的一部分。这个阶段，生理和心理都在快速发展。激素波动会影响你的情绪，身体的变化让你更关注自我形象，也变得更敏感、脆弱，容易引发情绪反应。此外，青春期大脑发育的特点和发育水平也让你更容易陷入情绪风暴：负责情绪冲动的边缘系统发育更快，而负责调控情绪的前额叶发育步伐放缓，加上帮助两个脑区传递信息的脑白质尚不发达，打破了情绪感受和管理的平衡。

专家说

愤怒时怎么让自己冷静下来？

如果你正处于愤怒爆发的阶段，要冷静下来并不容易，往往需要借助外界的力量。但是，你可以通过识别愤怒的预警信号提前“脱身”。身体的感觉是非常好的预警信号。回想一下，以前快要爆发时你的身体有何感觉？你可能感觉身体紧绷、拳头紧握、脸红发热、呼吸心跳加快，学会觉察这些感觉并反思自己每次愤怒前的表现。当下次出现类似感觉时，立即采取

"STOP"技术：双手交叉抱胸（stop）；深呼吸（take a deep breath）；觉察自己（observe）身体的感受和想法，问问自己"我的愤怒真的是愤怒吗？""我真正的情绪和需求是什么？"，接纳这些情绪的存在；持续（proceed）这个过程并思考下一步的行动。如果是在与他人的冲突中，记得放慢你的语速、降低音量，你的这种平静也会影响对方，降低对方的攻击水平，帮助你从情绪失控中及时撤离出来。

健康加油站

压抑自己的情绪是不是就能让我变得情绪稳定了？

情绪是我们发送信息、表达需求、交流情感的重要工具，每个人都需要。表面上看，压抑情绪似乎可以暂时避免情绪的负面影响。但长期来看，压抑情绪不仅让你失去了表达需求和情感的机会，也让外界无法了解你。更重要的是，压抑的情绪并不会消失，它们可能会以更猛烈的方式爆发（比如周期性情绪失控），或以身体疾病、心理问题和不健康行为的形式显现。情绪稳定并非靠压抑情绪来达成，而是需要为情绪找到健康的释放通道，让情绪流动起来。这就像治理洪水，只有疏通才是根本。

（曾庆枝）

三

我的家庭

14. 家人总是不能**理解**我怎么办

关键词
表达 沟通 理解

小明今年上中学了，他感觉父母越来越不理解他的想法，不同意他的做法。他试着与父母沟通，结果却总不如意。久而久之，小明便懒得沟通了。青少年在成长过程中无可避免地会面临来自学校、同伴以及社会的各种压力和挑战，内心渴望得到父母的关爱、理解与支持。但如果亲子双方未能进行有效的沟通并达成共识，我们可能会感到家人难以理解自己的内心，甚至可能引发焦虑、抑郁或愤怒的情绪。面对这样的冲突，要如何打破僵局，实现更深层次的相互理解呢？

专家说

你清楚地表达自己的需求了吗？

心理学上有个“读心术假设”误区：我们总以为亲近的人就该自动理解自己。就像你拿着满分试卷回家，眼睛发亮地请父母奖励自己，暗示“想要那个新出的游戏机”，如果没有明确表达，父母可能会奖励你一套精美的文具。那些未被表达的情感和需求在潜意识中形成了隐秘的期望，导致孩子产生“家人不理解我”的错觉。

你表达的方式有效吗?

家人间的沟通模式对每个成员的情感体验有着很大的影响。比如你想买双新球鞋参加比赛，满心期待地说："这双鞋能让我跑得更快。"结果父母问："多少钱？旧鞋不能穿吗？"你可能瞬间觉得"他们就是不想买"，扭头就走，不再解释。其实，父母可能只是在考虑性价比，但误解已经像堵墙挡在了你们中间，很难实现真正的相互理解。

健康加油站

青春期是个人习得交流技能的重要时期，可以尝试练习结构化沟通模式。①使用"非暴力沟通"四要素：观察（具体事件）+ 感受（情绪体验）+ 需要（内心诉求）+ 请求（明确行动）。例如：当我说想参加动漫社时（观察），我感到被否定（感受），其实我需要父母信任我能平衡兴趣和学习（需要），能不能每周给我2小时自由安排的时间？（请求）。②如果不能达成一致，可以制作"理解偏差日志"：记录冲突事件，分别写下"你的原始解读""家长可能的出发点（如安全、责任等）""一起寻找折中方案"几方面内容。这种非暴力的、开放式的沟通模式有助于修复家庭成员之间的理解鸿沟。

（胡　琴　艾　明）

15. 离 100 分还差得远：父母是否对我**要求过高**

关键词

期望 要求

小明拿着成绩单高兴地跑回家跟妈妈炫耀：“我考了 90 分哦！”妈妈接过试卷第一句话就是：“不错，但是距离 100 分还差 10 分，这次班上有十多个 100 分呢，你看这道题是粗心吧？这种题怎么不会呢？”你的妈妈是否也像小明妈妈一样似乎永远都不满意呢？我们应该如何看待和应对父母的期望和要求呢？

专家说

在现代社会的竞争压力下，父母往往对孩子抱有很高的期望，希望他们在学业、事业和人际关系上都能够出类拔萃。这种社会文化氛围导致父母对孩子过度关注，他们经常将自己的孩子与其他孩子进行比较，认为自己的孩子应该达到更高的标准。另外，父母总是会无意识放大记忆中的“成功案例”（如邻居孩子考入清华），同时过滤掉普通案例，这种认知偏差使他们的期望虚高。但是，父母是“期望”你也考清华，还是“要求”你一定要考上清华，是有区别的。当孩子把父母的期望误解为严格的要求时，可能会发展出完美主义倾向，试图在各个方面达到高标准。如果孩子长期将父母的期望视为压力，则会认为父母对自己要求太高，甚至对父母的要求产生反感。

在面对父母高要求时，建议和父母保持开放沟通，共同制定一个适合自己且通过努力能达到的成长目标，将“高要求”转化为可量化的行动计划。例如：父母期望考重点大学，我们可以共同讨论目前的水平到重点大学之间还需要做哪些努力，制订一个详细的提升计划，在孩子努力的同时，也需要清晰地列举出来有哪些事情需要父母帮助。邀请父母参与具体计划，他们的焦虑会转化为支持，他们的期待会变成你脚下实实在在的台阶，而不是压在胸口的巨石。

健康加油站

我们也建议父母学习觉察是否确实“要求过高”。如果父母的要求与孩子自身的价值观、能力和兴趣不符，孩子常常感到被迫接受超出自身能力或不符合自己兴趣的要求，这种冲突不仅会让孩子感觉焦虑和压力，还可能引发孩子对父母的不满，甚至对抗。研究表明，父母期待适中，更有利于青少年心身健康发展。

（胡　琴　艾　明）

16. 从“婴儿车”到“人生方向盘”：父母为何不肯松手

关键词 自主　控制　沟通

星期一早上，小明随便穿了一套运动衫准备去上学，妈妈叫住他，让他穿条秋裤再出门；小明周末跟同学去外面玩，说好七点钟回家，五点开始，妈妈就会反复打电话问：“几点到家？”小明想学美术，但妈妈觉得应该把更多的时间花在奥数上，这样才能考个好大学。小明很是苦恼，他觉得父母总把自己当小孩看待，即使自己已经比妈妈都高了。我们该如何理解小明妈妈的这种行为，又该如何在自己父母那里获得自主呢？

专家说

很多父母出于对孩子的爱，总忍不住替他们做决定、管这管那，这种过度的保护就像给孩子套了个“安全罩”。由于现代社会发展迅速、竞争激烈，父母生怕孩子将来吃亏，总想着帮他们避开所有“弯路”。于是从选兴趣班到填志愿，恨不得把人生每一步都规划好，为了确保“安全”，从“婴儿车”到“人生方向盘”，父母都希望能将控制权攥在手里。虽然，这种保护是出于善意，但过度控制可能会阻碍孩子独立性的发展，使他们难以摆脱“小孩子”的角色。

当家庭交流缺乏开放性和真诚时，父母可能只看到孩子的外在行为，而忽视了孩子内心世界的成长和变化。比如，你关着门在房间，父母以为你在偷玩手机，其实你在自学视频剪辑；你和朋友闹矛盾自己解决了，他们却还像小时候那样急着帮你出头。不经常与父母沟通和展示自己的成长与进步，让他们的认知还停留在你系不好鞋带的年纪，是导致父母持续将子女视为小孩子的重要原因。

健康加油站

（1）用行动证明“我长大了”：比如主动承担家务“今天我来做饭，你们尝尝我的拿手菜”，或者自己搞定一次周末出行计划。

（2）给父母“新角色”：让他们当你的“顾问”而不是“指挥官”。比如买手机时，先自己查好型号，再问“这三个型号哪个性价比更高？”

（3）作为父母，则需要努力理解并接受孩子的变化，适时地从“照顾者”转变为“指导者”，在与孩子保持情感联系的同时，应该学会适时“放手”，信任孩子有自己的成长节奏，并支持他们更好地探索和塑造自我。

（胡　琴　艾　明）

17. 为何父母总是挑剔我

关键词

批评 建议 挑剔

小明最近感觉父母总是对自己太挑剔，仿佛在用放大镜观察自己的一举一动，自己微小的失误或生活细节都会被关注到。从学习规划到日常作息，从穿衣风格到交友选择，父母总是会提各种建议，当自己的选择与父母的期望不符时，这些建议就会变成否定或者批评。虽然，小明理解这些批评出于关心，但还是会感到压力重重，认为父母过于挑剔。

专家说

父母挑剔可能源于对孩子成长的过度关注和期望过高，但有时也可能是因为缺乏有效的沟通方式。

我们应如何理性看待父母的批评与挑剔?

青少年时期是自我认知发展的关键阶段，许多孩子依赖父母的认可来建立自我价值。父母观察子女时，更容易以挑剔的眼光去寻找子女的错误，这种超敏性源自人类进化中保护幼崽的生物本能残留，通过这种进化塑造机制，能更好地帮助子女成长。如果父母在日常沟通中更倾向于关注错误而缺乏建设性建议时，孩子可能会感到失望和无助，认为父母在挑剔自己。特别当父母习惯性批评而非积极鼓励时，孩子可能会不断感到被否定，将父母的要求内化为自我苛责，感到自己的努力未被认可，从而产生自我怀疑。

我们该如何在保持自我成长的同时妥善应对父母的批评与挑剔？

建议主动创造积极反馈场景，例如完成任务后询问：“妈妈，您觉得我这次哪些细节有进步？”帮他们练习发现优点。将想对父母说的“你应该”转化成“怎么做”，把单方面指责升级为双向技能传授。例如当父母皱眉说“房间怎么这么乱”时，可以接住话茬说：“我也觉得需要整理了呢，妈妈上次那个文件分类法特别实用，能教我应用到整理衣柜上吗？”这既满足了长辈的经验价值感，又达成了整理目标。

健康云课堂

父母挑剔怎么办

（胡琴 艾明）

18. 为什么我一想到以后要**离开家人**就很**不安**

关键词：依恋　分离焦虑

“家是温暖的港湾”这句话你一定听过无数次吧！但总有一天，我们要离开这个港湾，去迎接新的生活。很多青少年在想到离开家人时都会感到不安，这其实是一种分离焦虑。大部分人对家都会有些不舍，但如果你总是对分离特别焦虑，甚至会出现头疼、头晕、胃痛、恶心等身体不适，或者因为这种焦虑而逃避上学、拒绝住校，那说明你可能有过度的分离焦虑。并不是你“太矫情”或者“不够独立”，而是你的成长经历影响了你对安全感的建立。

不安全型依恋的个体更容易出现分离焦虑。导致不安全的依恋常见的因素包括：不正常的分娩导致婴儿时期的创伤；出生的前 6 个月经历与母亲的分离；出生后第一年反复生病；养育者因各种原因（通常是父母自身有不良的童年经历或经历过不良的生活事件）出现情绪障碍，不能敏感地感知孩子的需求；父母感情破裂；家庭中充满肢体或言语暴力；等等。

如果有分离焦虑，可以试着接受自己的情绪，别逼自己“必须坚强”。适当和家人或朋友聊聊你的不安。提前做些小尝试，比如短期住校或独自旅行，让自己慢慢适应独立生活。学会照顾自己，比如安排好时间、学做简单的饭，这会让你更有信心。同时，别把自己封闭起来，多和朋友交流，加入社团，你会发现，离开家并不意味着孤单。如果焦虑影响到了你的日常生活，比如失眠、身体不适，或者强烈害怕离开家，不妨寻求专业人士的帮助。

健康术语

依恋

约翰·鲍尔比（John Bowlby）提出，依恋行为是适应性机制，通过进化过程形成，目的是提升生存概率。依恋大致可以分为四类：安全依恋、回避依恋、矛盾依恋和混乱依恋。拥有安全依恋的人往往在人际交往中保持健康状态。回避依恋的人倾向于隐藏自己的情感，避免建立亲密关系。矛盾依恋的人极度依赖他人，对被遗弃感到极度焦虑。混乱依恋的人既渴望亲密又害怕受到伤害，他们的关系模式常常是混乱不安的。

（刘　莹　李　洁）

四

我的朋友

19. 为什么我融入不了朋友的圈子

关键词：同伴关系　亲社会行为

小明是一个热爱学习的青少年。他把很多时间都用在看书和写作上，而他的朋友则更喜欢体育运动和电子游戏，会经常讨论最新的篮球比赛和电子游戏，而小明对此并不感兴趣，他更愿意谈论书上的人物和故事，因此他很难加入朋友们热烈的讨论中，在表达意见时更加内向和谨慎，这让他感到自己有些被孤立。在朋友们的聚会上，小明发现很难找到与朋友们共同感兴趣的话题，这让他感到自己与朋友的圈子格格不入，因而很少参加聚会。

专家说

为什么融入朋友圈子有时会有挑战?

青少年在融入朋友圈子时感到困难，常常与以下差异有关。

（1）兴趣焦点不同：像小明一样，每个青少年都有自己热衷的领域（如阅读、写作、运动、游戏、艺术等）。当个人兴趣与当前朋友圈的主流兴趣重叠度较低时，自然就缺少了共同讨论的切入点和持续互动的“燃料”。这并非个人缺陷，而是兴趣多样性的体现。

（2）社交表达风格差异

1）表达意愿与舒适度：有些青少年在熟悉或感兴趣的话题上更愿意表达，面对不熟悉的话题（如小明对球赛和游戏）则可能感到不确定或缺乏信心，表现得更为内向或谨慎，这会影响他们参与讨论的积极性。

2）表达方式：如何表达自己的想法（如直接程度、语气、是否考虑他人感受）也会影响交流的顺畅度和被接纳度。学习更清晰地表达自己的观点，同时理解并尊重他人的表达方式，是建立良好沟通的重要环节。

健康加油站

建立良好人际关系的方法有哪些？

青少年想要保持较好的人际关系，就需要和别人寻找共同点，如可以通过寻找共同兴趣点、主动参与集体活动等方式，逐步融入朋友的圈子。在这个过程中，青少年需要有足够的耐心去等待交往的机会，因为可能会被拒绝，也会有被接纳的时刻，青少年可以通过不断尝试逐渐找到适合自己的、舒服的社交方式。家长要培养孩子的共情能力，让孩子学会理解朋友的感受和情绪，与孩子开展良好的互动，让孩子体会良好的人际关系带来的美好感受，也要对孩子的亲社会行为进行内在归因，比如孩子做了一些有益于人际关系的事情，就要及时地给予称赞。

健康云课堂

融入圈子还是坚持自我：
如何找到你的社交核心需求

（李　洁）

关键词

点赞　认可　支持

20. 为什么我特别渴望好友的**认可**和**支持**

“叮咚——”凌晨 1 点，小安第 5 次刷新朋友圈，那条半小时前发的自拍只收到 3 个点赞。她咬着嘴唇删掉照片，把手机塞到枕头下，却怎么也睡不着。转学 3 个月以来，这种焦虑如影随形：为了融入新班级，她省下早餐钱买同学都在穿的帆布鞋，明明喜欢文学社却报名了街舞社，甚至在数学课上偷偷模仿前桌的说话语气。

这样的情况绝非个例。中国青少年研究中心 2023 年数据显示，87% 的初中生会在发动态后反复查看互动情况，超过 60% 的人承认会为了获得认可而改变行为。

专家说

那么孩子们为什么这么希望被同伴认可呢？神经科学研究发现，当得到同伴点赞时，青少年大脑释放的多巴胺是成年人的 2 倍，这种“快乐激素”会形成记忆回路，让我们下意识重复被认可的行为。就像游戏里的即时奖励机制，朋友的一个表情包回复，都可能变成升级打怪的“经验值”。

朋友的支持和认可在我们的生活中扮演着重要的角色，原因如下。

首先，朋友的认可能让我们更自信。你有没有发现，当朋友夸你“这件事做得真棒”的时候，你会觉得自己特别厉害。这是因为朋友的认可就是一面镜子，反射出我们的优点和价值。当我们觉得自己被认可时，内心会充满力量，觉得自己可以做得更好。

其次，朋友的支持能帮我们渡过难关。生活中总会有一些让人沮丧的时刻，比如考试没考好、和父母闹矛盾，或者遇到一些自己解决不了的难题。这时候，朋友的一句“我懂你”或者“我陪你”，真的能让人瞬间感觉轻松很多。朋友的陪伴和支持，就像黑暗中的一盏灯，让我们知道，无论多难，都有人和我们一起面对。

（李宁宁　李　洁）

关键词

好朋友　独立性　价值观

21. 我可以反对我最好的朋友吗

在青少年时期，我们与朋友之间的关系往往是复杂、微妙的。有时，我们会发现自己在意见、行为或价值观上与他们产生分歧，甚至会反对他们。这种情况可能会让人感到困惑和不安，正因为是最好的朋友，所以这种痛苦和影响更加深远，会担心失去这个好朋友。但请放心，这是一个正常的现象，这也并不意味着友谊的终结，而是成长过程中的一个自然阶段。

专家说

当友谊触碰到安全红线、动摇你的核心价值、或持续越界伤害关系根基时，勇敢说“不”不仅是你的权利，更是对彼此重视的友谊负责。反对不是争吵，而是带着尊重的沟通艺术。如何巧妙、合理地表达反对？可以试试这些方法。

（1）当我们情绪激动迫切想要提出反对时，按下情绪暂停键。深呼吸三次，心里默数“1-2-3-4-5”。问自己：“我真正担心的是什么？我反对的是这件事，还是朋友这个人？”

（2）使用“三明治沟通法”。先表达理解，肯定对方的感受和动机，之后清晰表达反对的态度和理由。最后给予支持，或者给出替代方案，与朋友一起讨论。

（3）论“事”不论“人”。避免说“你总是如何如何”，而是表达“这件事给我的感觉是如何如何，可能有什么影响”。

（4）选择对的“战场”与时机。例如，如果朋友在众人面前不小心开了个让你觉得被冒犯的玩笑。有的时候我们可以不当场反驳，可以找个私下独处的机会（如放学路上、课间安静角落），温和而坚定地告诉朋友：“中午你讲的那个笑话，我其实有点不舒服。我知道你可能没恶意，但以后类似的话题，咱们能避开吗？”

（5）明确你的“不可协商”底线。我们可以提前思考：哪些是我们的核心底线，比如，涉及违法的、具有严重危险行为的、伤害他人或自己的、严重违背我们自己的道德准则的，如果最好的朋友表达出了上述的观点或采取了相应的行动，我们可以强烈地表达反对。

（6）接纳“反对”后的不确定性。当我们对最好的朋友表达反对后，朋友可能一时生气、不解或沉默。没关系，我们可以给对方空间和时间消化。可以说：“我知道你可能不太高兴，我说这些是因为我在乎你。你可以想想，我随时愿意再聊。”

（马现仓　周莉娜）

22. 为什么我会希望和她/他交流

关键词：交流　关系　和谐

没有人是一座孤岛，每个人都有与别人交流的愿望。遇到开心的事情，我希望与好朋友分享，这样快乐就能加倍。遇到难过的事情，我希望和父母或信任的人倾诉，从他们那里获取经验和建议，进而渡过难关，内心的痛苦和焦虑也能得到释放。在交流的过程中，我们可以学会如何更好地与人相处，如何处理人际关系中的各种问题。

专家说

交流是理解的基础，通过有效的沟通，双方可以分享彼此的想法、感受和需求，从而减少误解和冲突。例如：在家庭中，良好的沟通可以增进家人之间的感情，让家庭更加和睦；在学校，有效的沟通可以提高班级的凝聚力，促进集体活动的顺利开展。交流也是建立信任的桥梁，真诚的交流可以消除隔阂和误解，建立起真正的信任与理解。尊重和理解是真诚沟通的前提，通过倾听和表达，我们可以更好地理解对方的立场和需求，从而找到双方都能接受的解决方案。此外，交流还能增进情感，拉近我们与他人的距离。在与同学相处过程中，沟通可以加深彼此的感情，解决生活中的矛盾和问题。

健康加油站

正确提高交流能力的方法有哪些?

（1）善于倾听：倾听是交流的基础，当对方表达观点的时候，耐心倾听对方的意见，不随意打断或插入新的话题，让对方感受到被尊重和理解。

（2）保持自信、乐观、积极、开放的态度：自信是对自己的优缺点有正确而客观的认识，乐观、积极、开放是由自信散发出来的枝叶，能够给人正向的感染力，使交流更加顺畅和谐。

（3）培养同理心和共情能力：同理心是指站在他人的角度理解和关心他人的情感和需求，而共情能力则指体会他人痛苦或开心情绪的能力，具备同理心和共情能力的人在沟通中更容易获得他人的信任和支持。我们应学会换位思考，设身处地地为他人着想。

（4）多加练习：交流能力的提升不是一蹴而就的，需要在生活中不断打磨、练习，有的同学可能因为一次的交流失败就灰心丧气，立即开启“社恐”模式，其实不必如此，总结经验，重拾信心，改进自己的不足，才是成长的良方。

（马现仓　周莉娜）

23. 朋友离开了，我为什么会感到痛苦

关键词：朋友　离别　情绪

朋友是温暖的阳光，照亮每一个阴暗的角落，陪我们成长和前行。朋友的远离如同乌云遮蔽了阳光，周围的一切都变得那么黯淡。当生活的一部分突然被抽走，这种情感上的缺失让我们感到无助、焦虑和孤独。有的时候我们可能还会感到被抛弃，甚至质疑自己的价值，我们会想“我是不是做错了什么”或者“为什么他们不再和我联系”。

专家说

当朋友离开时，我们的自我怀疑会导致自尊心受损，加重心理负担。实际上，这种痛苦情绪是一种自然的情感反应，反映了我们对于社交归属感和联结的基本需求。朋友的远离不仅是关系的结束，更是对我们情感的一次巨大冲击。因此，在面对这样的消极情绪时，我们应该给自己适当的时间来调整，向家人和其他朋友倾诉并且积极寻求更多的社交机会。每一段关系不论长短，都在我们的成长旅程中留下了印记，而未来的每一个新朋友，也将是我们人生故事中的一部分。

离别是人生中常见的经历，这些经历往往伴随着情绪波动，但通过适当的方法，可以更健康地应对。

认识到离别带来的情绪是正常的，无论是悲伤、失落还是焦虑无助。接纳这种不良情绪可以帮助自己更好地表达和释放情绪，如通过写日记、艺术创作等方式。也可以通过正念冥想和深呼吸练习，来帮助自己在情绪波动时放松和保持冷静。针对分离产生的社交问题，可以向家人朋友寻求帮助，分享自己的感受；同时，积极参加社交活动如加入社团或兴趣小组，结识新朋友。

（马现仓　周莉娜）

24. 为什么即使在人群中我也总是感到很孤独

关键词

孤独感　孤独症

在学习压力不断增加的当下生活中，青少年常常被孤独感笼罩，无论是置身于熙熙攘攘的都市街头，还是处于温馨和睦的家庭聚会，无论是课间休息时同学们的欢声笑语，还是社交平台上好友们的频繁互动，都无法驱散他们内心深处那片孤寂的阴霾。在这种孤独感的驱使下，有些青少年会减少社交，将自己归类为“社恐”群体，把自己锁在房间里，回避社交场合，这是怎么回事呢？

专家说

有些青少年会把自己的孤独贴上“孤独症”的标签。然而，孤独感和孤独症是完全不同的概念。孤独感是一种正常的情绪体验，可能在很多场景下出现，而孤独症是一种神经发育障碍，有着复杂的症状表现，往往从婴儿时期就开始表现出异常了。

孤独感不是坏事，适当的孤独可以让人自我成长。当然，过度沉浸其中也会产生负面情绪，长时间的孤独感会让人感到悲伤、焦虑和无助。如果这种情绪一直持续，可能会对心理健康产生影响，比如增加患抑郁症的风险。从社交角度讲，过度孤独会使人们在面对他人时产生社交障碍，不知道如何与他人交往或沟通。

健康加油站

如何应对孤独?

（1）社交互动：学会分享，主动出击，从联络亲友到扩展社交圈，慢慢学会找到适合自己的小群体，主动迈出舒适区，尝试与他人真诚地建立联系。

（2）自我充实：把更多的独处时间用在学习新事物或读书等自我成长上，也可以尝试体验他人感受的生活；慢慢深入了解自己的兴趣，加强与志同道合伙伴的交流互动。

（3）享受独处：归根结底，我们每个人都是独一无二的存在，面对生老病死，注定有时会独自面对，多读书，多思考，接纳自我，享受孤独时的自由时光，学会自洽，与自我和解。

（夏　炎）

第二章

看到困惑

我和父母亲

1. 为什么我总觉得父母在**控制**我

关键词

控制　心理需求　独立性

在生活中，很多的青少年都曾被父母抱怨过“越长大越不听话”。其实，青少年虽然有依赖父母的现实需要，但同时也有脱离父母的心理需求。个体在青少年阶段开始寻求更高程度的独立性，在对待事物、他人和世界的关系中有了属于自己的认识、观点、判断以及行为方式。而很多家长并没有在孩子的成长过程中做好这个心理准备，总担心青少年一旦不受自己控制就会走上错误的道路。当家长忍受不了这种担心和焦虑时，往往会过度地对孩子进行说教、批评和干涉。久而久之，孩子也就会感到内心压抑，觉得父母总在控制自己。

有研究发现，如果青少年总是感受到被父母控制，反而会出现更多的情绪和行为问题。青少年们可以尝试和家长一起学习放风筝。放风筝时，我们尽管一直握着线，但会根据风势不断调整方向和力度，时而拉绳时而送绳，最终让风筝越飞越远、越飞越高。通过放风筝，让家长明白我们逐渐脱离父母的心理需求应当被满足，他们只需当好那握线的双手，远远地给予力量和保护，在允许青少年发展足够的独立性和防止其“失控”之间找到一个平衡点。这样青少年才能飞得高、飞得远！

关键词

争执 沟通

（黄颖林　汤艳清）

2. 为什么我会经常和父母发生**争执**

随着青少年自我意识的进一步发展，亲子之间发生争执似乎在所难免。事实上，日常生活中绝大多数的亲子冲突都是因为一些琐事，而不是一些原则性的问题。一般来说，在青少年早期，亲子间的争执会更频繁，而在青少年中后期，冲突的激烈强度则更强。冲突的发生往往与青少年的自主需求密切相关。部分父母经常坚持着“自己吃过的盐要比孩子吃过的米都多”“自己的人生经验能让孩子少走弯路”等观点，总会有意无意地要求孩子听从于自己。而青少年更倾向于追求独立和自主，希望自己的想法和做法得到父母的尊重和支持。通常而言，在过于严厉或专制的教养方式下，青少年与父母的争执会更加频繁和激烈。

有争执就是坏事吗?

亲子间出现分歧和争执并不一定是坏事。其实，孩子的成长是在不断的反抗中走向独立的，并在青春期完成他们的自我同一性。不过，亲子双方在面对分歧时不能一直停留在争论谁对谁错上，要注意沟通的方式和态度。这样才能避免频繁而激烈的冲突。

怎样有效沟通?

在沟通中，父母和孩子双方可以通过观察、感受、需要、请求这四个步骤去理解彼此，建立和谐的亲子关系。下面以青少年的视角为例说明有效沟通的步骤。

第一步：说出自己观察到的客观事实，而且不带有评论语气。比如可以说“妈妈，你这是第 3 遍告诉我收拾书桌了”，而不说“妈妈，你唠叨我好几遍了”。

第二步：说出自己的内心感受和体验，而不是说自己的想法。比如可以说“这让我感到很烦躁”，而不说“你是烦人精”。

第三步：清晰地说出自己的需要。比如可以说“我需要一点时间来收拾我的书桌”，而不说“你知道我现在在忙什么吗”。

第四步：向父母提出具体而明确的请求。比如可以说“希望你可以再等我 10 分钟”，而不说“希望你可以再等我一会儿”。

健康术语

自我同一性

自我同一性又称为“自我认同”，是指青少年在成长过程中对自己身份的认同，如理解自己的特点、爱好、理想等，并确定自己想要成为什么样的人。

（黄颖林　汤艳清）

3. 为什么父母对我很严厉

在中国传统的养育文化中，我们能很容易地想到一些关于严厉教养的典故或者谚语，如“孟母三迁”“棒打出孝子，娇惯养逆儿”等。自古以来，很多父母都深受这种严厉教养方式的影响。他们通常要么有着“望子成龙”“望女成凤”的期望，要么有着“慈母多败儿”的警惕和担心。十几年前，曾有一位美国华裔教授出版了一本名为《虎妈战歌》的书，书中介绍了她是怎样通过严厉的教养方式将两个女儿培养成功的故事。该书不仅在国外引起了轰动和激烈的讨论，在国内也吸引了众多的家长效仿。在严厉的教养文化和充满竞争的社会环境的共同影响下，许多青少年都曾或多或少被父母严厉对待过。

专家说

严厉的教养方式就等同于“爱”吗?

俗话说，打是亲骂是爱。但严厉的教养方式除了折射出父母的期望和焦虑之外，更多的时候是父母在表达他们对孩子自以为是的“爱”。父母总是认为严厉管教才是为了孩子好，是真正爱孩子，要不然就是在放纵孩子。但是，如果父母在严格要求的时候忽视青少年的自身需求，孩子感受到的就不一定是爱了。他们可能觉得自己是完成父母愿望的工具，也逐渐忘记自己的需求和愿望。

严厉的教养方式对青少年一定是好的吗?

如果父母的严厉体现在习惯于控制、惩罚孩子和要求孩子服从，我们称这样的家长为“专制型父母”。针对亚洲学生和美国亚裔青少年的不少研究发现，专制型教养方式下所培养的孩子的确可能表现出更高的学业成就和更强的自律性，但也容易出现心理及行为问题，如社交适应能力差、焦虑抑郁情绪和饮酒行为等。

什么样的教养方式更可取?

通常来说，权威型的教养方式是相对可取的。尽管权威型的父母对孩子也是高要求的，但他们同时也能给予孩子足够的支持和及时的回应，能够做到倾听和尊重孩子内心的想法，平等有效地跟孩子沟通与交流。

健康术语

教养方式

教养方式指父母在抚养孩子过程中所采取的一贯态度和行为方式，父母通过养育行为传递给孩子，从而由孩子感知到家长的态度和情感氛围。

（黄颖林　汤艳清）

关键词

忽视　教养方式　情感

4. 为什么父母几乎**不管**我

相较于西方人直接开放的情感表达方式，以中国人为代表的东方人则显得更加含蓄和内敛。很多父母都羞于用语言向孩子表达爱，也很少通过肢体接触（如拥抱）去表达关心。他们不善于与孩子进行情感上的沟通交流，表达爱的方式更侧重于默默地为孩子和家庭提供物质和经济保障。但是孩子容易对这种朴素的爱理解错位，孩子在情感上可能感到被忽视，觉得自己不重要，父母不管自己。当然，多数情况下父母对孩子的“忽视”往往是无心的，背后的原因有很多，可能与父母自己的不良成长经历、人格特征、婚姻状况及消极情绪等有关。

专家说

忽视型教养方式的父母有哪些表现?

忽视型教养方式的父母几乎不怎么关心和参与孩子的生活和学习，对孩子基本没有要求和期望，也很少积极回应孩子的情感需求，甚至很少与孩子沟通与交流。

忽视型教养方式对孩子的不良影响都有哪些?

许多研究发现，早年的情感忽视是各类精神障碍发病的危险因素之一。因此，忽视型教养方式下成长的孩子可能会出现一些心理行为问题，如焦虑抑郁障碍、酗酒及攻击破坏行为等。同时，孩子的学业及人际关系也会明显受到影响。

健康加油站

父母几乎不管我，我该怎么办?

首先，要进行自我觉察，当你有这样的感受时，尽量避免感受与事实不相符。实际生活中，有意或者刻意不管孩子、忽视孩子的父母还是较少的。其次，主动跟父母沟通交流，向他们表达自己当下的心理感受、需求和想法。同时，你也能借此了解父母的想法和反应，发现问题背后的原因，找到家庭内部调整的突破口。再次，如果家庭内部难以自行调整或改变，可以邀请父母一起寻求专业心理咨询师或治疗师的帮助。最后，即使父母不能改变他们的忽视行为，那也不是你的错，而是父母自身的问题。我们要尽量与生活中的其他重要人物（如爷爷、奶奶、同学、老师和朋友等）保持紧密的关系，因为你值得被他们关心和爱护。

（黄颖林　汤艳清）

关键词

家庭　安全感　替代性内疚

5. 父母**吵架**真的不是我的**错**吗

欢欢是一个快乐的孩子，最近家里遇到住房拆迁，面临两种方案，爸爸妈妈的选择却各不相同，爸爸妈妈经常为此而吵架。和谐的家庭突然出现了从未有过的冲突，爸爸妈妈的吵架声时不时在家中响起，也逐渐在欢欢的脑海中响起，她特别讨厌爸爸妈妈之间的争吵，每到这个时候，她都感到心情非常烦躁，好像自己也要负一部分责任。即使父母解释“不关你的事”，欢欢也很难开心起来。

专家说

不仅仅是欢欢，不少青少年都特别讨厌父母争吵的场景，因为父母的争吵而难过，这是为什么呢？安全感是人类基本需求之一，在生命早期，安全感构成了我们探索世界、建立信任的基石。父母的争吵往往意味着提高的音量、肢体的冲突，以及紧张的家庭气氛。这些都会破坏我们的安全感，让我们感到恐惧和不安。儿童青

少年也是家庭的一分子，对环境的变化（例如父母的不合）敏感，也就容易感到害怕。同时，他们缺乏解决复杂问题的能力，也容易感到更多的无助和无奈。

青少年为父母的争吵而感到不安，说明他们对自己的父母、家庭有着难以割舍的感情。但是，青少年应当知道人和人的相处难免会发生意见不合或争执，他们也应当相信父母亲拥有解决问题的能力。除了关心父母，青少年也应该关注自己的情绪健康，把自己的烦恼和父母、朋友分享，减少不必要的不安与烦恼。

健康加油站

家庭中的冲突在所难免，当家庭冲突已经发生，父母在冲突之后应当及时安慰和进行认真的解释，防止孩子不当的自我归因或出现内疚感。对于青少年来说，父母可以尝试把他们当作成人一样对话，用更平等的态度解释父母的关系，以及冲突的原因，因为无论青少年是否参与这场冲突，他们都无法避免受到影响，回避本身也是一种不在场的参与。

对于青少年来说，尽量将注意力从父母间的关系中挪开，相信他们处理自己关系的能力，同时多参与朋友间的活动，多了解一些历史地理，多读一些思想、哲学类书籍，所谓“风物长宜放眼量”，这样可以让自己在一定程度上减轻因父母冲突给自己造成的痛苦。

（江文庆）

6. 为什么我从来得不到父母的表扬

关键词

有质量的表扬　家庭代际传递

孩子总有一个执念：努力做好一件事，渴望得到家长的表扬和夸奖。比如帮妈妈擦地，给爸爸捶背，考试争取比朋友考得好……这样父母就会说我做得好，做得对，是个好孩子。但家长几乎有一个相似的行为，令很多孩子困惑：为什么爸爸妈妈总觉得别人家的孩子好，总是拿其他孩子的优点和自己的缺点做比较？为什么自己怎么做都不能让父母满意？得到父母的表扬就这么难吗？自己真的这么差吗？

专家说

表扬很简单，它可以是一句赞美，一句夸奖，一句感谢，一句认可，甚至是一个微笑。可是如此简单的一句表扬，为什么孩子就这么难从父母那里得到呢？

（1）家庭代际传递——不予表扬

很多家长其实不擅长表扬。通过了解他们的成长经历，会发现在他们童年时期很少得到父母的夸奖和赞赏，更多的是批评和要求。在他们的认知中，父母就应该是挑毛病的，就应该用审视的眼光看待孩子，这样才能帮助孩子改掉缺点，才能帮助孩子少走弯路，少被嫌弃，变得更好。没有被父母表扬过的孩子，不知道如何表扬和认可他人，长大后成为父母自然也不会表扬自己的孩子。

（2）父母的顾虑——不敢表扬

当被问到“为何不表扬孩子”时，很多家长会说：“可不敢表扬，万一骄傲呢！”部分父母从他们接受的教育中形成的认知是“骄傲自大”“骄傲使人退步”等一系列对骄傲的负性评判，总之骄傲是不好的，表扬孩子他就会骄傲，所以不敢表扬。

健康加油站

如何对孩子进行有质量的表扬？

如何表扬可以既让孩子感到被认可，又让孩子感觉父母不是在敷衍自己呢？**有质量表扬的三个要点是及时、精准，抓细节。**比如看到孩子考试进步，在得知成绩的第一时间（**及时**），父母可以说：“宝贝，看到你成绩的进步（**精准**），爸妈真为你开心。这次进步很大程度上要归功于你这段时间的努力，比如（**抓细节**）课后及时查漏补缺，遇到不会的题会认真思考、查阅资料，爸爸妈妈看到了你的努力和付出，我们为你骄傲！”

（杨兴洁　马　琳）

7. 为什么我**喜欢**的东西父母都**反对**

关键词

换位思考　反思能力

“周边”、“谷子”、cosplay（角色扮演），这些青少年耳熟能详的词，常让父母摸不到头脑。青少年常常抱怨：“为什么我喜欢的东西父母都反对？”父母也有烦恼：“我不知道那些东西为什么让他那么着迷！”那么，是什么造成了父母和孩子理解上的差异与错位？如何在父母和青少年之间架起一座理解的桥梁？

专家说

理解不了孩子感兴趣的事物时应该怎么做呢？

（1）换位思考：当父母不能理解孩子时，很多时候是父母站在成人的视角下，无法从孩子的视角看待同一件事。就像父母和孩子站在灌木丛前看同一片风景，父母和孩子说：“风景真棒！”身高不够的孩子却回答：“我不觉得灌木丛有什么好看的。”所以，很多时候父母需要蹲下来，才能看到孩子眼中的“风景”。当父母不能理解孩子的世界时，可以回忆一下自己的童年，那时我们也会为了收集水浒卡而央求父母买一整箱干脆面。父母重新体会当年对水浒卡片如获至宝的感觉，就是父母蹲下来换位思考的过程，从而理解孩子对游戏、二次元周边的着迷。当父母能够蹲下来换位思考，才能更加理解孩子的感受和体验，亲子之间的沟通与交流才会更加顺畅。

（2）减少焦虑：父母看到孩子喜欢游戏、动漫时，常常感到焦虑，他会不会沉迷游戏染上“网瘾”？他会不会沉迷小说学习成绩下降？这些焦虑更多的是源自父母对孩子生活进行的灾难化想象。如果父母停止想象，关注当下，发现问题后有针对性地解决问题，而不是将所有问题都关联到孩子的爱好上，焦虑就会相对减少。

健康术语

父母反思能力

父母反思能力是指父母理解孩子的能力，是在与孩子相处过程中，将其作为具有独立思维、情感的个体的能力。父母反思能力越强，越能从平等、尊重的角度理解和养育孩子，越能帮助孩子更好地理解自己的想法和感受，从而帮助孩子稳定情绪并发展向外探索的能力。

（杨兴洁　吴洁琼）

8. 我为什么会和父母发生极大的**冲突**

关键词

亲子冲突 争吵

网络上有一句流行语“不写作业母慈子孝，一写作业鸡飞狗跳”。从侧面反映了当前越来越紧张的亲子关系。父母和孩子之间的冲突除了辅导作业，还体现在生活的方方面面，有点“地雷战”的味道，不知道走到哪一步便引发“爆炸”，有的还会引发激烈的争吵、相互咆哮甚至大打出手。而上述问题的根源就在于双方的沟通都是“无效”的。

专家说

一些父母会在孩子出生时便设置好一个可行的“通天大道”，而希望孩子做的就是认真听从并努力执行。父母的本意本是帮助孩子规避“风险”，但随着孩子逐渐长大，开始有独立意识出现，更愿意独立思考、尝试解决问题，对于父母的意见开始更多是参考而不是单纯地“无脑执行”。这时候孩子和父母之间的观点不同，冲突也就自然显现。如何解决父母和孩子之间的冲突呢？对于孩子来说，应该抱有这样的想法，“我可以不认可父母说的，但是我要对父母保持尊重。”在尊重的基础上向父母“推销”自己的想法，想办法让父母真正看到和听到你的内心需求。对于青春期孩子的父母来说，认真聆听、给予尊重是与孩子建立良好亲子关系的前提。比如，可以在家中进行特定的沟通“游戏”，亲子双方将一张 A4 纸对折，左边是孩子的部分，右边是家长的部分，各自写下自己 1 句主要观点、3 条理由，再共同讨论。讨论前请双方共同宣誓：我保证倾听每一条观点和理由，不指责 / 批评，不用反问句，不要争输赢。现在很多的父母可能不理解青少年接触的新鲜事物，这是因为父母会受到自身传统观念与成长环境的限制。父母与孩子都应承认两代人可能会有思想上的差异，但这并不妨碍一家人一起探讨问题。

（杨兴洁　李玉龙）

9. 为什么我特别**反感**父母再生一个孩子

关键词

同胞竞争 良性竞争

当下，越来越多的家庭考虑生二孩、三孩。很多父母在这时候可能会遇到一个棘手的问题：家中老大反对父母再生一个孩子。有些孩子会说“要么就我一个，要么你们再生一个孩子，我离家出走”，这令家长很头疼，“再生一个孩子”原本是父母的事情，现在好像变成了这个家庭里的导火索，使得家庭战争一触即发。父母也“丈二和尚摸不着头脑”，为什么家中的老大这么反感父母再生一个孩子？

专家说

（1）反感再生一个孩子是担心父母的爱被分割：对父母再生一个孩子的反感其实反映出孩子内心的焦虑，孩子担心父母会把很多的精力放在弟弟或妹妹身上，减少了对自己的陪伴，减少了对自己的关注，这其实折射出孩子的担心和焦虑，担心父母的爱被分割，担心父母对自己的关注减少。

（2）反感再生一个孩子是担心自己不被重视：对父母再生一个孩子的反感还反映出孩子担心会受到冷落或不被重视。倘若一个内心安全感十足，在童年期得到足够的爱和温暖的孩子，是很少会因为再生一个孩子而引发这种焦虑的，但是对于一个早年就缺乏爱，没有得到足够关注和重视的孩子来说，再生一个孩子无异于雪上加霜，父母关注的减少会诱发孩子对归属感和安全感的质疑。

健康加油站

如何帮助孩子接受父母再生一个孩子？

充分讨论，提前告知。父母准备再要一个孩子之前就要跟家中的孩子充分讨论，了解孩子的担忧和顾虑，对这些问题进行解释和说明，告诉孩子新成员的到来给家庭带来的变化和好处，让孩子有心理预期，从而提高他们的接受度。

即使再生一个孩子也要留出老大与父母独处的时间，父母同时要关注到家中老大的情绪变化，让老大感觉虽然生了小宝宝，但父母还是会像以前一样关爱自己。

另外，父母在处理孩子之间矛盾时，不可偏袒。当两个或多个孩子发生冲突的时候，家长往往会说："你大，你让着点弟弟 / 妹妹。"其实，孩子之间的矛盾最好让他们自己学着处理，家长不可简单偏护年龄小的孩子。

给予家中孩子的建议：家里多了一个弟弟或妹妹，父母陪伴你的时间可能会变少，可以和爸妈约定好，每天 / 每周有一段只属于你的"特别时间"，一起读书或玩游戏。如果觉得孤单或委屈，别憋着！抱抱爸妈，或者告诉他们，他们很想懂你。请相信父母爱你的心一点都没少，你永远是他们独一无二的宝贝！

（杨兴洁）

10. 为什么我就是想做一些父母**反感**的事情，比如抽烟

关键词：逆反心理　亲子关系　有效沟通

在父母与孩子共同生活的岁月里，许多孩子心中常常浮现这样的疑问：为什么我总是有意无意地做出父母所反感的行为？为什么父母越不让做的事情，我们越是想做？甚至有些事情我们本不想做，看到父母反对，反而起了试试的想法？比如说抽烟，好多人可能开始并不想也并不喜欢，但看到父母的反感，却坚定了做下去的决心。家长们也同样不理解为何小时候一直听话懂事的孩子，长大了变得处处与自己对着干，这种现象并非个例，在众多家庭中都有发生，严重影响家庭氛围和亲子关系。

专家说

为什么会产生逆反心理？

青春期是个体身心发展的重要阶段，孩子在这个时期自我意识迅速增强，渴望独立和自主，试图摆脱父母的束缚与控制，对他人的观点要求产生抵触情绪。比如抽烟在他们眼中可能是一种彰显个性、表达自我独立的象征，即便知道父母反感，也会故意为之，以此来挑战父母的权威，证明自己已经长大，有能力做出自己的选择。

为什么成人要与孩子平等交流？

青春期的孩子具有独立的思维能力与丰富的情感世界。与孩子平等交流，是尊重其人格发展的体现，能呵护他们的自尊心，使其感受到被重视。平等交流可构建亲密的亲子关系，孩子因此更愿敞开心扉，分享他们成长中的喜怒哀乐，这样有助于家长深入了解孩子，及时给予正确引导。从长远看，有利于培养孩子良好的沟通能力、独立思考与自主判断能力，为其融入社会奠定基础，使其未来能以自信、平等的姿态应对各种人际关系，也是助力孩子健康成长与全面发展的关键要素。

（殷　莉）

二

我和情绪

11. 你**愤怒**的时候有过**头痛**的感觉吗

关键词：愤怒情绪　应激反应　头痛

在我们的日常生活中，愤怒是一种常见的情绪。无论是在学校、家庭，还是社交场合，我们都可能遇到令人不悦的事情。愤怒作为一种自然的情绪反应，若缺乏有效的管理，不仅可能会损害我们的身心健康，还可能影响人际关系的和谐。愤怒的时候，我们常会感到头痛，这一现象背后涉及身体和大脑的反应机制。

专家说

当我们愤怒的时候，身体会发生哪些变化？

当我们感到愤怒时，我们的身体会进入一种“战斗或逃跑”的模式。这是一种古老的生存机制，帮助我们的祖先在面对危险时做出快速反应。在这种模式下，我们的大脑中被称为下丘脑的部位会发出释放激素的信号，比如释放肾上腺素和皮质醇激素，这些激素会引起心跳加速、血压升高、呼吸加快、瞳孔扩大、肌肉紧张，为身体活动提供更多的能量来应对潜在的威胁。

愤怒和头痛之间究竟有什么联系？

愤怒作为一种强烈的情绪反应，会引发我们身体的应激反应，在应激时产生的激素可以引起血管收缩或扩张，这就可能导致头痛。愤怒情绪还会引起我们身体肌肉的紧张，尤其是脖子和肩部肌肉紧张。在愤怒时我们可能会无意识地紧握拳头，皱眉头，或者咬紧牙关，这些动作都会加剧肌肉的紧张，这种紧张也可以导致头痛。愤怒会让大脑高度兴奋，产生大量的神经活动，这种过度的神经活动可能导致大脑的能量消耗迅速增加。因此，愤怒不仅影响你的情绪，还可能让大脑感到“超载”，从而引发头痛。

健康术语

应激反应

应激反应也称为压力反应，是指生物体对外界刺激（应激源）产生的一系列生理和心理反应。这些反应旨在帮助生物体适应或应对环境中的挑战和威胁。在人类和其他哺乳动物中，应激反应通常涉及多个复杂的生物化学和神经生理过程。在短期内，应激反应有助于提高警觉性和反应速度，使个体能够迅速应对紧急情况。如果应激反应持续时间过长或频繁发生，可能会导致多种健康问题，包括心血管疾病、消化问题、免疫系统功能下降、心理问题（如焦虑和抑郁）等。

（焦东亮）

12. 什么原因让我总是**控制**不好自己的**情绪**

关键词

情绪管理　认知偏差

在纷繁复杂的生活中，情绪如同天气般阴晴不定，时而明媚如初夏，时而阴霾密布。对于许多人而言，情绪管理是一项挑战，尤其是当负面情绪如潮水般涌来时，我们往往会感到束手无策，甚至陷入自我怀疑的漩涡中。那么，为何我们总是难以有效地控制自己的情绪呢？

专家说

情绪管理是不是跟大脑有关？

情绪的产生与调节，离不开大脑这一复杂而精密的“指挥中心”。人类的情绪主要受到边缘系统（尤其是杏仁核）和前额叶皮质的共同影响。杏仁核是情绪反应的“快速通道”，能够迅速识别威胁并触发“战斗或逃跑”反应，而前额叶皮质则负责更高级的认知功能，包括情绪调节、决策制定和自我控制。然而，当我们受到压力或面临紧急情况时，杏仁核往往会“抢占先机”，导致情绪先于理性思考作出反应，进而影响情绪管理。

心理因素对情绪管理有啥影响？

从心理层面来讲，情绪管理能力的差异与认知模式有关。认知模式的偏差，也就是功能失调性的认知偏差，会扭曲我们对事件的解释，加剧负面情绪的产生。例如，一次失败的考试可能被功能失调性思考解读为“我永远都会失败”，从而引发强烈的挫败感和绝望感。此外，缺乏有效的情绪调节策略也是情绪失控的重要原因。有些人可能习惯性地使用逃避、压抑或过度发泄等不健康的方式来应对情绪，这些方法虽然能暂时缓解不适，但长期来看会削弱情绪管理的能力，甚至导致心理问题。

情绪为什么受环境影响大？

由于现代社会节奏加快，学习、父母期望、人际关系等多重压力交织，我们难以找到足够的时间和空间进行情绪调适。长期处于高压状态，不仅会降低情绪调节的灵活性，还可能引发慢性应激反应，影响身心健康。如果这时再得不到家人、朋友或专业人士的理解和支持，就更容易感到孤立无援，进而出现情绪崩溃。

冷静分析
情绪失控的原因

乐观向上
关注事物积极面

敞开心扉
寻求外界帮助

（焦东亮）

13. 在陌生人出现的场合总是很害羞是怎么回事

关键词：害羞　自我认知

在日常生活中，我们常常会发现这样的现象：有些人在陌生人面前谈笑风生，游刃有余；而有些人却像只受惊的小鹿，局促不安。你是否也有过一见到陌生人，就心跳如鼓、面红耳赤，连话都说不利索的时候呢？害羞是一种常见的心理状态，尤其是在青少年时期，更容易在意别人的看法而变得很害羞。但害羞并不代表“性格不好”，它只是我们面对陌生环境时的自然反应。但如果过度害羞影响到了日常生活和社交，就可能需要关注了。因为这可能会阻碍个人的社交发展，甚至影响心理健康。

专家说

“很害羞”产生的原因是什么？

“很害羞”源于多种因素。首先，从自我认知的方面来说，青少年时期，自我意识增强，我们更在意自己在别人眼中的形象。如果曾经因为说错话、表现不好而被嘲笑或批评，可能会变得更谨慎，对未知社交结果的担忧引发内心紧张不安，那么在面对陌生人时就更容易产生焦虑情绪。其次，环境因素也不容忽视。陌生的环境本身就会给人带来一种不安全感，再加上周围都是不熟悉的面孔，会进一步加重心理压力，从而导致过度害羞。

“很害羞”有什么负面影响?

“很害羞”会给个人带来诸多不利。在社交上，它阻碍人际拓展，使人难以结交新朋友，在已经建立的关系中易被别人误解为冷漠，影响关系质量。个人发展方面，课堂上不敢提问、遇到困难不敢求助，可能影响学习和成长。于心理健康而言，容易过度自我否定并降低自信，还可能引发焦虑、抑郁情绪，如长期回避社交致孤独感增强，陷入消极情绪的循环中，严重影响生活质量。

健康加油站

改善“很害羞”的方法有哪些?

要认识到害羞不是缺点，只是我们面对陌生环境时的自然反应。我们可以在日常生活学习中主动创造练习机会，从主动向老师问好、课堂举手发言等小事开始，每次成功都记录下来，给自己积极暗示，积累自信底气；还可以调整心态接纳自己，告诉自己:“害羞是正常的，很多人都会这样。”不要因为害羞而责备自己，允许自己慢慢适应，积极学习社交技巧。通过理解原因、调整心态和逐步练习，我们可以变得更从容。

（焦东亮）

14. “我不如别人”这种感觉**从何而来**

关键词
自我认知 比较心理 自尊

在生活中，不少青少年时常陷入自我否定的困境，总觉得自己样样比不上别人。无论外貌、才华、学习成绩还是社交能力，仿佛身边的人总是闪闪发光，而自己却黯淡无光。这种感觉就像一片阴影，笼罩着自己的内心世界，影响着自信心和生活的幸福感。其实，这是一种较为普遍的心理现象，涉及多方面的因素。

专家说

为什么我总是觉得自己不如别人?

一方面，比较无处不在。在当今信息爆炸的时代，我们更容易接触到他人光鲜亮丽的一面，无论是社交媒体上精心修饰的生活展示，还是在现实生活中对他人成就的直接观察。这种大量的对比信息会让我们不自觉地将自己的不足与他人的优点进行比较，从而产生落差感。例如，看到同学每天下课就聊天还能名列前茅，而自己抓紧每分每秒学习还只能勉强凑合，就容易产生自己不如对方的心理活动。另一方面，个人的成长经历和家庭教育也起着重要作用。如果在成长过程中，长期处于被批评、被忽视或者被过度要求的环境中，可能会逐渐形成一种低自尊的心理模式，习惯性地贬低自己，难以看到自己的价值。

这种感觉为什么会持续影响我们？

一旦形成“自己不如别人”的思维定式，我们往往会陷入一种恶性循环。当遇到新的情境或挑战时，会先预设自己无法做好，从而缺乏尝试的勇气。即使取得了一定的成绩，也会归因于运气等外部因素，而不是认可自己的能力。这种消极的自我认知会进一步削弱自信心，限制个人的发展。同时，这种心理还可能引发焦虑、抑郁等负面情绪，危害身心健康。

健康术语

低自尊

低自尊是一种对自己的负面评价和不自信的心理状态。处于低自尊状态的人往往低估自己的价值，对自己的能力、外貌等方面缺乏信心，容易将自己与他人进行消极比较，并且对批评和失败过度敏感，认为自己不值得被爱和尊重。这种心理状态会影响个人的情绪健康、人际关系和生活质量。

（焦东亮）

15. 为什么我面对失败的时候总是情绪崩溃

关键词

情绪崩溃　心理韧性　情绪调节

在成长的道路上，每个人都会遇到失败和挫折。有些青少年能很快从失败的泥沼中抽身，吸取教训，重整旗鼓再出发；而有些青少年却被失败的阴影笼罩，久久无法摆脱沮丧与自责的困扰，甚至一蹶不振。这种截然不同的应对方式，不仅影响个人的心理健康，还可能阻碍其正常的学习和生活。究其根源，关键在于个体的心理韧性差异。

专家说

情绪崩溃的原因是什么？

受内外各种应激因素刺激，人体会释放大量的应激激素，如肾上腺素和皮质醇，这些激素会使心跳加速、血压升高，甚至导致呼吸急促，同时表现为情绪崩溃，如抑郁、恐惧、焦虑等。

如何调节失败后的消极情绪？

失败是成功之母。通过积极认知重构，学会从积极、乐观的视角审视失败，将其视为成长的催化剂和学习的契机，从中汲取宝贵的经验教训。当感到情绪即将崩溃时，尝试进行几次深呼吸，有助于放松身心，缓解紧张情绪。通过正念冥想，学会将注意力集中在当下，观察自己的思绪和情绪，以此增强情绪调节能力。积极构建社交支持网络，与亲朋好友或专业人士保持联系，分享心路历程，寻求理解与支持。若个体在遭遇失败后出现持续的沮丧感、兴趣丧失、睡眠障碍等症状，这可能是抑郁情绪倾向的警示信号。此时，应及时寻求专业帮助。

健康加油站

培养青少年心理韧性，父母可从多方面入手。首先，给予孩子充分的理解与支持，耐心倾听他们的情绪表达，不要轻易否定或忽视。其次，引导孩子正确看待挫折，帮助他们分析问题，寻找解决办法，而不是直接代劳。鼓励孩子勇敢面对困难，增强自我应对能力。同时，以身作则，展示积极乐观的生活态度。此外，培养孩子兴趣爱好，丰富内心世界，使其在面对压力时有更多释放渠道。最后，营造温馨和谐的家庭氛围，让孩子感受到安全感与归属感，这是心理韧性的重要基石。

（吴为阁）

16. 为什么我总是对父母的言语暴跳如雷

关键词：情绪波动　青春期　逆反心理

青少年时期是一个充满变化和挑战的阶段，许多青少年在面对父母的言语时，常常感到不耐烦、易怒，甚至暴跳如雷。“青春期遇上更年期”的现象，让家庭氛围变得紧张，不仅影响了家庭和谐，也对青少年的心理健康产生了负面影响。

专家说

为什么会有“青春叛逆”？

青少年时期也是心理叛逆的高峰期，在这一阶段，青少年开始寻求自我认同，希望摆脱父母的束缚，追求独立和自主。行为表现为对权威的反抗和对规则的挑战。这种心理在一定程度上是青少年自我意识和独立性的体现。然而，当叛逆心理持续发展时，青少年可能会对父母的任何建议或批评都产生强烈的反感，当父母的言语被视为对自己自由的限制或干涉时，青少年甚至通过暴跳如雷的方式来表达不满。

青春期情绪波动如何调适？

青少年面对情绪波动，可尝试以下方法：一是深呼吸，平复情绪；二是冷静思考，分析情绪原因；三是找信任的人倾诉，释放压力；四是转移注意力，如运动、听音乐等；五是学会换位思考，理解父母意图。

健康术语

荷尔蒙

荷尔蒙即激素，是由内分泌腺或内分泌细胞分泌的高效生物活性物质，在体内作为信使传递信息，对机体的生理过程起调节作用的物质。在青春期，荷尔蒙的显著变化是导致青少年情绪波动的主要原因之一。

（吴为阁）

17. 为什么我情绪糟糕的时候会想要**毁灭**别人

在青少年的成长过程中，情绪的波动和变化是常有的事。有时候，在面对压力、挫折或冲突时，情绪糟糕到极点时，一些人可能会产生想要毁灭他人或破坏周围环境的冲动。这种冲动不仅令人困惑，还可能对人际关系和自身安全造成威胁。本章旨在探讨这一现象的原因，帮助青少年理解情绪与行为之间的关系，并提供有效的情绪管理和冲动控制方法。

专家说

什么是“大脑情绪回路”？

情绪的产生与大脑中的多个区域密切相关，尤其是大脑中的杏仁核和前额叶皮质。当我们经历了强烈的负面情绪时，杏仁核会变得异常活跃。杏仁核是负责处理情绪尤其是恐惧和愤怒等负面情绪的重要区域。它的过度活跃可能导致我们产生冲动的行为，比如攻击他人或破坏物品。另一方面，前额叶皮质则负责高级认知功能，包括决策制定、情绪调节和冲动控制。在青少年时期，前额叶皮质尚未完全发育成熟，这可能解释了为什么青少年在面对强烈情绪时更容易失控。

怎么理解青少年的“毁灭”行为？

面对无法承受的情绪压力，人们可能会启动心理防御机制，如压抑、否认、投射或见诸行动等。例如，当我们感到无助或愤怒时，可能会将这些情绪投射到他人身上，认为他们才是问题的根源，从而产生攻击性行为。虽然这种机制能在短期内减轻心理压力，但长期来看可能导致人际关系紧张、自我认知扭曲等问题。

养成记录情绪日记的习惯，学习并实践情绪调节技巧，如深呼吸、冥想、正念练习等，与信任的朋友、家人分享你的感受，他们可以给你提供情感支持和一些合理的建议。必要时，可以寻求专业人士的帮助。

记录情绪日记

学习情绪调节技巧

实践情绪调节技巧

与信任的人分享感受

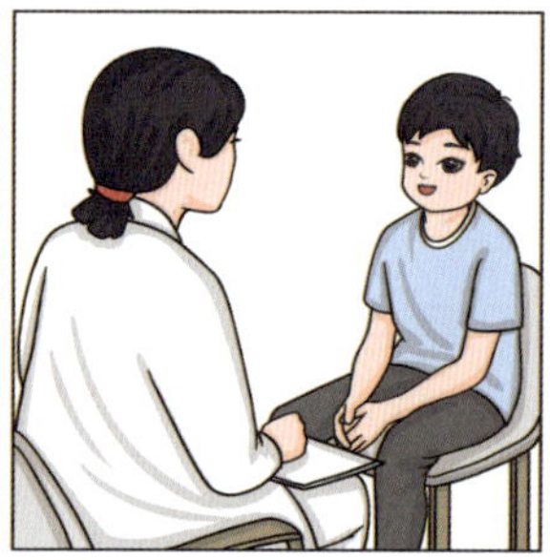

寻求专业帮助

（吴为阁）

关键词

失恋 情绪低落 心理创伤

18. 为什么我在**失恋**的时候情绪**差到极点**

失恋，这个听起来就让人心情沉重的词汇，是许多青少年在成长过程中都会经历的一段情感旅程。对于青少年来说，当曾经亲密无间的关系突然中断，内心往往会经历一场剧烈的“地震”，失恋往往伴随着深刻的情绪体验和内心的痛苦。

专家说

失恋，作为一种重大的生活事件，会触发我们的心理应激反应，在心理学上被称为“依恋丧失”，它触动了我们内心深处最原始、最深刻的情感需求——被爱与归属感。人在成长过程中会形成特定的依恋模式，而失恋则是对这种模式的直接挑战。在应激状态下，我们的大脑会释放出大量的应激激素，如肾上腺素和皮质醇，这些激素会让我们感到紧张、焦虑甚至恐惧等强烈的负面情绪波动，让我们在短时间内难以走出情感的阴霾，还可能对我们的日常生活和人际关系产生深远影响。我们可能会反复回忆过去的点点滴滴，试图找出问题的根源，或是不断自责，认为一切都是自己的错。这种过度思考不仅无助于情感的恢复，反而会让我们的情绪更加低落。长期处于这种情绪状态下，还可能导致身体健康问题，如失眠、食欲不振等，周而复始，形成恶性循环。

健康加油站

当青少年失恋时如何正视情感，接纳痛苦？

失恋后的痛苦是真实的，也是正常的。不要试图逃避或压抑这些情绪，而是勇敢地面对它们。你可以找一个安静的地方，写下自己的感受，或是找朋友倾诉。面对失恋带来的情绪波动，通过记录一段时间的情绪日记，如每天抽出一段时间，将当天的感受、想法和情绪变化等记录下来，不仅可以更好地了解自己的情感状态，还能在记录的过程中逐渐释放内心的压力和负面情绪。失恋虽然痛苦，但它也是我们成长和学习的一部分，可以从这段经历中寻找新的意义和价值。也可以尝试一些新的活动，比如学习一门新技能、参加社交活动或是投身于公益事业。这些新的体验不仅可以丰富你的生活，还能帮助你重新树立自信，进而让你从失恋的阴影中走出来。

（吴为阁）

19. 为什么我**无法忍受**痛苦

在生活中，一些同学似乎对苦痛格外敏感，哪怕是微小的挫折或不适都难以承受。可能是身体上的一点伤痛，比如不小心划破手指，就会让他们情绪崩溃；或是心理上的轻微压力，如一次考试失利、与朋友的小争执，都能使他们陷入极度的痛苦与焦虑之中，仿佛这些痛苦被放大了无数倍，轻易地就将他们的心理防线击溃，影响到正常的生活与学习。

专家说

为什么每个人感受痛苦的程度不一样?

从先天因素来讲，每个人神经系统的敏感度及神经递质的分泌水平的不同，决定了不同的人对相同痛苦的忍耐性不同；其次是心理因素，每个人的成长经

历不同，认知方式及知识储备不同，使得每个人心理韧性有所差别，当面对痛苦时，心理韧性强的人能更好地调节情绪，避免被焦虑、抑郁等情绪长期困扰；最后还有社会因素，不同的文化熏陶下，人的意志力也是不同的。

为什么要增强应对痛苦的能力?

生活中痛苦不可避免，如压力、挫折、失去等带来的负面情绪都可能会对个体产生巨大的影响。如果应对痛苦的能力很弱，痛苦造成的负面影响可能就会接连不断地对我们的生活产生不良影响，加强应对痛苦的能力就像给心理穿上“铠甲”，有助于维持心理健康的稳定状态，使我们在遭遇生活的“风浪”时，依然可以保持相对良好的心理和社会功能。

健康加油站

如何增强应对痛苦的能力?

面对痛苦时，改变对事情的看法很关键。例如，把挫折视为学习经验，而不是一味地看成失败。这种思维转换能够减轻负面情绪，让人更有动力去应对。同时情绪调节也非常重要。要学会识别自己的情绪，比如分辨痛苦带来的是愤怒、悲伤还是无助，然后采用适当的方法来调节，如通过书写日记来梳理情绪，或者进行正面的自我对话，告诉自己“我可以面对它”。再者是增强自我效能感，回忆过去成功应对困难的经历，相信自己也有能力应对当下的痛苦，这种自我肯定能够在心理上为自己提供有力的支撑，从而更自如地应对眼前的困难。

（夏　炎）

关键词

后悔　懊恼　反思

20. 为什么我总是在冲动行为过后感到非常**后悔**和**懊恼**

在成长过程中，青少年常常会在做决定后陷入自我怀疑的旋涡。比如用攒了三个月的零花钱抢购限量球鞋，到货后却觉得根本不值得；或者和朋友争吵时说了过激的话，事后又懊恼不已。过度地沉浸在后悔和懊恼中，并不能改变已经发生的事情，反而可能影响我们当下的生活和未来的决策。

专家说

从心理学角度来看，后悔和懊恼是行为结果与我们预期不符，或者我们意识到自己原本可以做出更好的选择时产生的情绪。一方面，青少年由于生理发育的局限，前额叶皮质主要负责理性决策、风险评估和冲动控制，通常要到 25 岁左右才发育成熟。这可能使我们在决策时受到情绪的干扰，青少年情绪脑（边缘系统）占主导，比如愤怒、焦虑等，导致我们没有充

分考虑各种因素就做出了行动。另一方面，青少年可能缺乏足够的经验和信息来帮助自己准确预估行为的后果，从而容易做出不恰当的选择。此外，青少年正处于个人的价值观形成以及自我探索的阶段，需要通过反复尝试来寻找自己的定位，这个过程中难免因选择失误而懊悔。

面对懊恼，我们需要接纳自己的情绪，不要让它过度消耗我们的精力，可以尝试进行自我反思，分析后悔的原因，从经验中吸取教训，以便在未来做出更好的决策。同时，培养积极的心态也很重要，不要过于苛求自己。面对孩子犯错，家长要避免过度指责，可以借助“复盘对话”的方式引导孩子在试错中学习，把后悔变成学习的“案例”。

（刘可智　向清清）

21. 为什么我无法**面对**别人的**批评**

关键词：批评　自尊心

在学校里，被老师指出作业完成质量差，比如字迹潦草、错误较多，或者考试成绩不理想时，有的学生会当场低下头，满脸通红，心里觉得特别委屈、难过；有的学生甚至会小声啜泣，完全听不进去老师讲的改进建议，只沉浸在被批评的负面情绪当中。还有的学生在课堂回答错问题被老师纠正后变得很沉默，之后好长一段时间都不敢再主动举手回答问题，害怕再次出错。

专家说

为什么人们难以面对别人的批评？

从心理层面分析，自尊心在其中起着重要作用。每个人都希望自己被认可和肯定，批评往往与这种期望相悖，会让我们感觉自己的价值受到了质疑，从而启动了内心的防御机制。此外，我们的自我认知也会影响对批评的接受程度。如果一个人对自己的评价不够客观，过于自负或自卑，那么在面对批评时就更容易出现极端反应。自负的人可能会完全否定批评，认为别人是错误的；而自卑的人则可能会过度放大批评，陷入自我否定的深渊。再者，可能与我们的成长环境和过往经历也有一定关系。如果在成长过程中，总是受到严厉的批评，很少得到正面的反馈，那么可能会对批评产生恐惧和回避心理。

如何学会正确面对批评?

首先，要调整心态，尝试将批评看作是一次成长的机会。当听到批评时，不要急于反驳，而是静下心来认真倾听，理解对方的观点和意图。然后，对批评进行客观分析，判断其中合理的部分，并思考如何改进。可以将批评与自己的自我认知进行对比，看是否存在偏差，如果发现自己确实存在问题，要有勇气承认并积极采取行动加以改正。最后，也要学会区分建设性批评和破坏性批评，建设性批评的目的在于促进行为往积极方面改变，破坏性批评的目的一般是恶意的、故意贬低别人的，对于建设性批评要虚心接受，而对于那些恶意的、无端的批评，可以选择忽略或者以理性的方式回应，不要让其影响自己的情绪和信心。

（刘可智　向清清）

关键词

难题　焦虑　应对能力

22. 为什么我遇到很小的难题也会坐立不安

在日常生活中，有些人遇到哪怕很小的难题时，都会表现出坐立不安的状态。比如在做一道数学题时遇到一点思路障碍，或者在准备一次简单的演讲时有些紧张，就会变得心神不宁。这种对小难题的过度反应可能与个人的心理素质、应对问题的能力以及对结果的担忧等因素有关。长期处于这种状态可能会影响生活质量和工作效率，甚至导致焦虑等心理问题的加重。

专家说

从心理角度来看，这可能是焦虑情绪的一种表现。首先，当面临难题时，我们的大脑会将其视为一种潜在的威胁，从而触发身体的应激反应。同时面对挫折和困难的承受力也是原因之一，对于一些心理承受能力较弱或者对自己要求过高的人来说，这种反应可能会更为强烈，他们可能担心无法解决难题会带来不良后果，如被他人嘲笑、影响自己的形象或成绩等。此外，缺乏有效的应对策略也是一个重要原因。如果一个人不知道如何应对困难，就会感到无助和不安，进而表现出坐立不安的行为。最后，过往的经历也可能会影响当前的反应，如果曾经在类似情况下遭受过挫折或负面评价，那么再次遇到小难题时就更容易产生焦虑和不安。

如何克服对小难题的过度反应呢？首先，要认识到自己的情绪反应，并尝试接纳它。其次，可以通过一些放松技巧来缓解身体的紧张状态，如深呼吸、渐进性肌肉放松训练等。在面对难题时，改变自己的思维方式也很重要，不要将难题看作无法逾越的障碍，应将其视为提升自身能力的机会，尝试分析难题的本质，制定合理的解决方案，并逐步付诸行动。此外，可以通过学习相关知识和技能、积累经验等方式来增强自己解决问题的能力。最后，调整对结果的预期也有助于缓解焦虑。

关键词

成功　归因偏差　心理预期

（刘可智　向清清）

23. 为什么我即便成功了也**开心不起来**

当我们努力追求并实现了某个目标，获得了成功时，本应感到喜悦和满足，但有些人却发现自己并没有预期中那么开心。例如，经过长时间的备考终于高分通过了一门重要考试，却只是短暂地感到轻松和愉快，随后就陷入了一种平淡甚至是空虚的感觉。这种现象可能与我们对成功的定义、目标设定的合理性以及心理预期等因素有关。

专家说

为什么成功后难以开心起来？

从心理学角度分析，这可能是因为我们在追求成功的过程中，过于关注目标本身，而忽视了过程中的体验和成长。当我们最终实现目标时，可能会发现成功并没有带来心理预期的巨大改变，或者我们很快就适应了新的状态，从而失去了那种兴奋感。有时，我们对成功的定义可能过于狭隘和单一，仅仅局限于物质成就或他人的赞誉，而忽略了个人内心的满足感、自我实现等更深层次的需求。心理预期也会影响我们对成功的感受。如果我们在事前对成功后的情景有过高的幻想，当现实与幻想不符时，就容易产生失落感。另外，一些人可能存在潜在的情绪问题，如抑郁倾向等，这也可能使他们难以从成功中体验到快乐。

如何从成功中获得真正的快乐？

首先，要重新审视自己对成功的定义。将成功与自我实现、帮助他人、追求兴趣爱好等方面联系起来，拓宽成功的内涵。其次，学会享受过程，关注每一次微小的进步和收获，培养积极的心态。同时，调整心理预期，以更加现实和理性的态度看待成功。最后，成功本应该是件开心的事情，如果长期感觉心情低落或者对之前感兴趣的事情失去兴趣，可能存在情绪障碍，应及时寻求专业人士的帮助。

健康术语

归因偏差

归因偏差是指人们对自己或他人行为原因的解释并不完全符合实际。比如把成功更多归因于外部的、不稳定的因素（如运气、机遇等），而不是内部的、稳定的因素（如自身能力、努力等），这样就会弱化成功对自身带来的积极意义。

（刘可智　向清清）

关键词

大脑　未知　情绪管理

24. 为什么我总是**担心**一些没有发生的事情

你有没有过这样的经历：明明天气很好，但你却担心会下雨？或者，你明明已经做好了功课，但还是担心考试晚上睡不着觉？

这是因为人类的大脑会“过度担忧”。就像一个超级警报器，它会把一些可能性（即使可能性很小）视作真实情况，所以我们会感到焦虑和不安。

专家说

担心的源头是什么？

我们的大脑非常聪明，它天生就会预测将来会发生什么。这是因为在很久以前，我们的祖先需要预测哪些事情会给他们带来危险，比如天气的变化或者野兽的出现。这种能力帮助他们做好准备，保护自己。虽然，我们现在生活的环境比较安全，但大脑“预测未来”的功能仍然存在。这就是为什么我们会担心未来的考试、第一次的表演或者去新学校的第一天。

为什么会产生这些担心，我们该怎么避免过度担心的出现？

当你面对“未知”的事情时，大脑会试图填补信息的空白，它通常会考虑最糟糕的情况。比如，当你晚上听到一个奇怪的声音时，你可能会想象出很多可怕的情景，这其实是大脑在试图保护你，让你准备好面对可能出现的危险。

当你大脑中出现这些担心时，首先，你要接受它们，与其担心那些没有发生的事情，不如专注于可以控制的事情，比如努力学习，做好准备。其次，你要勇于挑战负面想法。你可以问自己：事情真的会发生吗？如果发生了，我能怎么办？我是否过度担忧了？最后，你要学会管理自己的情绪。你可以采取一些方法来帮助自己冷静下来。比如，可以深呼吸，然后告诉自己：这只是我大脑的一种预测，它并不一定会发生。你也可以通过和家人、朋友或老师倾诉来缓解一些担忧。

健康加油站

当孩子总是因为考试、去新学校而感到担心时，家长应多注意他们的情绪，给予正向的安慰与支持，比如“我家宝贝是最棒的”“你是最勇敢的”等，让孩子们不再害怕负面情绪所带来的后果。

（张　凯）

三

我和他人

25. 怎样打破“话题终结者”的社交磁场

关键词

话题 社交

你有没有这样的经历，同学们一起聊得很开心，但自己一开口，聊天就突然冷场了？别慌！很多小伙伴都会遇到类似的问题。下面就来聊聊，为什么会这样，以及怎么轻松化解！

专家说

为什么我是“话题终结者”？

（1）**回答太“完美”，别人没法接：**比如有人问：“你出生在哪儿？”你回答：“北方。”话题结束！或者有人问：“今天过得咋样？”你答：“一般。”没有给对方留下接话的“钩子”。

（2）**话题太“高冷”，别人听不懂：**比如聊到“朋友吵架”，你说：“这是青春期认知偏差导致的。”瞬间变课堂！听起来像老师在上课一样，别人自然也没兴趣继续聊下去了。

（3）**没戳中对方兴趣点：**你聊得很开心，但对方可能对你的话题兴趣不大，内心嘀咕，“这和我没啥关系啊。”对话自然就断了。

（4）**对方状态不在线：**有时并不是你的问题，而是对方没心情或不太会表达。

（5）气场太强，别人不敢接话：你的回答可能让对方觉得：哇，你都说得这么好了，我再说啥都多余，干脆不接话了。

聊天是两个人或多个人的事，冷场不一定是你的问题！有些话题聊到尽头，就该自然结束。不用强求自己“复活”每个对话。记住，真诚比技巧更重要。

健康加油站

4 招变成“社交小能手”

（1）“装傻”发问法——把话筒递给对方：别急着回答，多问“为什么”或“然后呢”，这样能让对方觉得自己是主角，话匣子一打开，你就能轻松接住。

（2）吊胃口 + 看反应：比如你可以神秘兮兮地说：“我跟你说件超好玩的事情，想听吗？”如果对方的眼睛一亮，赶紧分享；要是感觉对方没兴趣，就秒切话题：“算了，还是聊你喜欢的吧！”

（3）“留个破绽”，故意不把话说满：比如说：“我感觉好像还有点什么，但想不出来了”。让对方有机会来补充，这样对话就互动起来了。

（4）“夸夸 + 接梗”——气氛瞬间升温：对方分享趣事时，你立刻夸：“这也太有意思了吧！快详细说说！”或者冷场时来句幽默的话：“完了，这话题冻成冰棍了，咱们换个‘火锅局’吧！”

（杨　梅）

26. 格格不入？让不合群变成超能力

关键词：融入 话题 破冰

感觉自己和周围人“不在一个频道”是不是让你有点郁闷？他们在聊抽盲盒，我却只想聊游戏。别担心，其实这种情况特别普遍。咱们来聊聊背后的原因，还有一些社交小妙招！

专家说

为什么你会觉得自己和别人格格不入？

（1）你可能比较独特，是人群中的“限量款”： 设想一下，你的爱好和妙想超前、小众，这并不意味着不好，它可能是你的隐藏优势，关键时刻能大放异彩，让你脱颖而出。

（2）青春期的小情绪在“闹别扭”： 青春期会变得格外关注自己的小情绪，别人一个眼神、一句评价，都能在心里掀起千层浪。一丁点的不协调、不一致，都有可能被自己放大。其实大家都各自忙着消化青春期的小纠结，没那么在意你。

（3）你对“融入”的要求可能有点高： 人跟人本来就是各不相同的，哪能时刻保持同频共振呢？“频道错位”也是常见情况。

（4）懂你的小伙伴正在“赶来”的路上： 你的想法、兴趣和心思，可能需要一群懂你的人来接住，他们可能正在某个地方等你，或者正在“赶来”路上！

打破“格格不入”小妙招

（1）大方拥抱独特的自己： 试着告诉自己“我有专属的节奏和兴趣”，欣赏自己“跟别人不太一样”的部分，它可能是你未来的闪光点。

（2）巧用共同话题“破冰”： 别强迫自己去迎合别人的喜好，不妨找找大家都感兴趣的事儿当作聊天切入点，问问大家的看法，气氛就可能热乎起来。

（3）勇敢奔赴兴趣“新大陆”： 参加一些你感兴趣的新活动，这些地方可能藏着许多和你志趣相投的小伙伴，和他们相处轻松又自在！

（4）敞开心扉，倾诉心声： 心里的小委屈、小困惑别憋着，找爸妈唠一唠，跟老师说一说，或是向信赖的好友倒一倒苦水，你就会发现，自己并不孤单。

健康加油站

格格不入，其实是你的“成长信号”。每个人在寻找自己位置的过程中，都会感到和周围环境不合拍。这说明你正在逐渐了解自己，找到适合自己的生活方式，最适合你的圈子会在某个不经意的瞬间悄然出现。彼时，你的特别，将化作亮眼的名片。加油，勇敢做独一无二的自己吧！

（杨　梅）

27. 为什么他/她**不喜欢**我了

关键词

感情 喜欢 心态

喜欢的人不喜欢自己，这种事在青春期就像吃饭偶尔碰到几粒没煮熟的米饭——常见又很硌牙。虽说滋味不好受，但这也不完全是坏事！

专家说

为什么会出现这种情况？

（1）人在长大，感情也会发生变化，谁都不会是定格在原地的人偶，青春期的你内在更是飞速变化。你和对方都在成长，兴趣、想法等方面渐渐不一样了，所以彼此的感觉也发生了变化。

（2）喜欢可能是一种短暂的感觉，有时候，对方可能一开始对你有好感，但这份感情没来得及变得更深，就悄悄溜走了。这种“浅喜欢”很普遍，真正的喜欢和爱是需要时间沉淀的。

（3）目光“转移”的事情常有，青少年时期，大家都在探索自己喜欢的人和事。如果你喜欢的人突然对别人或别的事感兴趣了，并不是你不好，可能只是他的新鲜感不在你这里了。这种事儿常有，毕竟谁也没法左右别人的目光。

（4）可能你们的联系不够频繁，想想以前是不是互动很多，后来联系少了？缺少互动，感情就可能逐渐降温。

教你几招"逆风翻盘"

（1）**甩掉自责，你真的很棒**：对方不喜欢你了，并不代表你不优秀。告诉自己："不被喜欢，不代表我不值得被喜欢！"你是独一无二的，未来会有人欣赏你的闪光点的。

（2）**允许自己有难过的情绪**：喜欢一个人却得不到回应，确实会让人很失落。允许自己去感受这种情绪，哪怕哭一场也没关系，发泄出来就轻松多了。

（3）**心态"一键升级"**：试着告诉自己，喜欢本来就是一件自由的事，对方的选择我不能控制，但我可以选择好好对待自己。把目光从对方身上收回来，重新放到自己身上。这么做并不是逃避，而是一种处理情绪的技能，以后再碰上类似难题，你就能从容应对了。

（4）**转移注意力，充实自己**：学习新技能，结交新朋友。过一段时间，会发现那个你心心念念的人其实并没有那么重要。

健康加油站

最重要的事：爱自己！感情降温，的确有点遗憾，但对你来说也是一次成长的机会。每段感情都能教会你一些东西，无论最后的结果如何，你都会成为更好的自己！未来的你，也一定会遇到那个真正懂你且喜欢你的人。

（杨　梅）

28. 为什么我周围的人会违背我的意愿

关键词

沟通障碍 个人差异 期望管理

在日常生活中，我们有时会发现周围的人会违背我们的意愿，这常常让人感到困惑和失落。比如说我想自己尝试做肉骨茶，结果妈妈却替我做完了。首先，这可能是由沟通障碍造成的。沟通不仅仅是言语上的交流，还包括非言语的暗示、肢体语言以及情感共鸣。当我们的沟通方式不够清晰或对方没有正确理解我们的意图时，就容易产生误解和分歧。其次，每个人都有自己的价值观、生活方式和处事原则，这些个人差异也可能导致在某些事情上产生分歧和冲突。最后，期望管理也是影响他人是否遵循我们意愿的重要因素。如果我们对他人的期望过高，或者没有充分考虑到他人的实际情况和感受，就容易引起对方的反感和抵触。

专家说

怎么做能减少彼此之间的沟通障碍？

提高沟通能力是减少沟通障碍的关键。要学会清晰、准确地表达自己的想法和需求，避免使用模糊或容易引起误解的言辞。同时，也要学会倾听他人的意见和反馈，理解对方的立场和感受。此外，通过非言语的沟通方式，如眼神交流、肢体语言等，也可以增强沟通的效果。

如何理解个体差异?

在解决了沟通障碍问题后，理解个体差异对于进一步改善人际关系同样关键。我们要学会尊重他人的生活方式和处事原则，不要试图将自己的想法强加给别人。同时，也要尝试从对方的角度思考问题，理解其背后的动机和需求。这样，我们就能更好地包容和接纳他人的不同意见。

健康加油站

期望管理可以怎么做?

在人际交往中，需要学会管理自己的期望，要根据实际情况和对方的能力来设定合理的期望。例如，你希望组员按时交资料，但总有人拖延，他可能不是故意气你，而是大家能力不同；或给当下很忙的队友分配复杂任务，他做得并不完美，是因为根本挤不出时间。当发现他人没有遵循你的意愿时，不要急于指责和抱怨，而是要冷静地分析原因，采取积极的应对策略，并寻求妥善的解决办法。同时，也要学会调整自己的心态，保持平和开放的态度，以更好地应对人际关系中的挑战。

（邹韶红）

29. 为什么我会**不信任**我的老师

关键词：教育环境　师生关系　信任缺失

良好的师生关系是我们稳步发展的保障。但有时我们会对自己的老师产生不信任感，这可能是由多种原因造成的。首先，从教育环境的角度来看，当教育环境过分强调应试和成绩，而相对忽视了学生的个性化发展和情感需求时，老师可能会被视为这种压力体系的实践者，学生会觉得老师更关心的是他们的分数，而不是他们的成长和发展，从而产生不信任感。其次，良好的师生关系和有效的沟通也是影响信任感的关键因素。当老师与学生之间的沟通渠道不畅或存在误解时，难以建立良好的师生关系和信任感。例如，如果老师经常以命令或指责的方式与学生交流，很少倾听和理解学生的想法和感受，学生会觉得老师不尊重他们，老师在学生心中形成了相对负面的刻板印象，进而影响师生关系和产生不信任。最后，个人经历和情感因素也会对学生的信任感产生深远影响。如果学生曾有过受到老师的当众批评、区别对待等负面的经历，这些也可能会在他们心中留下深刻的印记，导致他们面对其他老师时产生先入为主的信任缺失。

专家说

学生如何做，有助于建立信任的师生关系？

我们应该尊重老师的教学成果和付出，积极参与课堂活动，与老师建立良好的互动关系。学会主动与老师沟通，不要害怕向老师提问或分享自己的想法和困惑。通过积极的交流，可以让老师更好地了解你的学习需求和个人情况。老师可以为学生提供个性化的指导和支持，通过师生双方的共同努力建立彼此信任的师生关系。

健康加油站

如何正确看待对老师产生的“不信任感”？

我们应理性看待对老师产生的不信任感。首先，尝试自我剖析，思考不信任的根源是否基于误解或沟通不畅。其次，主动与老师沟通，以开放和尊重的态度表达疑虑，寻求解释与理解。保持客观评价，认识到每位老师都有其独特的教学风格与闪光点，应学会尊重与接纳。最后，也要学会调整自己的心态，不要过分纠结于过去不愉快的经历，而要积极向前看，通过积极沟通与理性思考，逐步消除不信任感，建立和谐的师生关系。

（邹韶红）

30. 为什么我会被人在网上造谣

在当今的网络时代，我们有时会发现自己在网上被造谣。这可能是由多种原因造成的。首先，个人信息的泄露是导致网络谣言传播的重要原因之一。当我们的个人信息被不法分子获取后，他们可能会利用这些信息编造虚假信息并进行传播。其次，网络社交的普及也增加了被造谣的风险。在社交媒体上，人们往往会分享自己的生活点滴和想法感受，这些信息可能会被别有用心的人用来编造谣言。最后，一些人对网络谣言的缺乏辨别能力也是导致其传播的重要原因。他们可能轻信并转发未经证实的信息，从而加剧了谣言的传播速度。

专家说

如何应对网络谣言？

在做好防范措施的基础上，一旦遇到网络谣言，我们还需掌握有效的应对方法。首先，要保持冷静和理性，不要因为被造谣而过分焦虑和沮丧，而是要从中学到经验和教训，提高自己的防范意识和辨别能力。其次，不要盲目相信或传播谣言，而是要通过官方渠道或可靠信息来源进行核实。如果谣言已经对自己造成了不良影响，可以及时向相关部门或法律机构寻求帮助，维护自己的合法权益。最后，我们也要积极参与网络文明建设，传播正能量和真实信息，共同营造健康、和谐的网络环境。

青少年使用网络应该注意的问题有哪些？

（1）合理规划上网时间，避免网络沉迷，确保充足的户外活动、学习及休息。

（2）选择正规、健康的网站和资源进行学习娱乐，避免接触不良或暴力信息。

（3）保护个人隐私，避免在网络上透露个人真实信息，如姓名、地址和电话号码等。

（4）网络交友保持警惕，不轻信陌生人，避免线下见面，确保人身安全。

（5）增强网络安全意识，了解常见网络诈骗手段，不随意点击不明链接或未知来源文件。

（6）培养批判性思维，对网络上的信息保持谨慎态度，学会辨别真伪，不盲目跟风。

（7）家长合理监督，定期与孩子沟通网络使用情况，设置合理上网权限，维护用网健康。

（邹韶红）

31. 为什么我每段友情持续的**时间**都**不是很长**

小 A 和小 C 因为喜欢同一部漫画迅速成为好友，无话不谈，但当小 A 某次忘记回复小 C 的微信而在朋友圈回复了其他人时，小 C 直接默认小 A 放弃了这段友谊，后面也不再主动找小 A 聊天，小 A 面对这样的情况一头雾水，也本着你不理我我也不要自讨没趣的心态放弃了交流。在友谊中，我们常会幻想自己是对方最特别的好友，会期待被对方重视，会默认对方能够完全理解自己，而忘记了差异：由于未能及时沟通和澄清关系中的问题，回避处理问题，进而导致关系破裂。这也许与我们的依恋风格有关。

专家说

依恋风格对友情的影响

依恋风格在同伴交往中起着至关重要的作用。拥有安全型依恋风格的人更容易与他人建立稳定、亲密的关系，他们在友情中更懂得如何给予和接受支持。而焦虑型或回避型依恋风格的人则可能在友情中表现出不信任、疏远或过度依赖的行为，这可能导致友情难以持久。

如何建立稳定、真挚的友情?

了解了依恋风格的重要影响后，我们便可以有针对性地采取措施建立稳定真挚的友情。首先，需要学会倾听和理解他人的观点和需求，尊重彼此的差异。其次，我们要勇于表达自己的感受和期望，让朋友了解我们的真实想法。同时，我们还要学会在友情中给予肯定和支持，共同成长。最重要的是，我们要保持真诚和坦诚，避免因为误解或沟通不畅而导致友情的破裂。正如一句流行语：主动的人先享受世界。

关键词

友谊 校园暴力 青春期

（张　蕾）

32. 总被别人**欺骗**和**欺负**是我的问题吗

“妈妈，在学校有人欺负我”“爸爸，我被网友骗了 300 块钱充游戏装备”，进入青春期，有时候会听到孩子讲述友谊烦恼，和自认为要好的“朋友”相处闹矛盾后很伤心。随着网络的发展，青少年的世界不再局限在家里和学校，他们的朋友包括邻里、同学、网友等。青少年普遍渴望友谊、渴望陪伴，但又因处于这个特殊的年龄阶段，友谊小船常说翻就翻，比如被不喜欢自己的孩子欺负或轻易相信别人而被欺骗。这些都让不少青少年深感苦恼。

专家说

为什么青少年更容易被人欺骗和欺负？

（1）青少年时期是成长和发育的关键阶段，在这个时期大脑还没有发育完全，特别是与决策、判断和冲动控制相关的前额叶皮质脑区，加之青少年可能缺乏处理复杂社会情境的经验，这使得他们难以识别潜在的不诚实的动机或欺诈行为。

（2）在这一时期，青少年渴望被接纳，渴望友谊和陪伴，但又因为情绪波动大、情绪调控能力不足，因此容易冲动、容易受到操控、易做出不理智的决策，从而容易受到欺骗。

（3）随着互联网和社交媒体的普及，青少年越来越多地接触到网络世界，而网络环境的匿名性和虚拟性为欺诈和隐性霸凌提供了便利。青少年通常没有具备足够的自我保护意识，不知道如何识别潜在的危险信号，容易受到权威人物的信息影响、因经济压力而受到诱惑，或者在遇到问题时不知道如何寻求帮助。

健康加油站

作为家长和老师，我们能做些什么？

（1）倾听和理解：给孩子一个安全的环境，让他们感到可以自由地表达自己的感受和遭遇。耐心倾听他们的经历，帮助孩子从不同视角分析事件经过和结局；鼓励孩子建立自信，让他们知道自己是有权利说“不”的，并且有能力保护自己。

（2）**监督和干预**：家长和老师需要密切关注孩子的行为变化，如果发现孩子被欺负，要鼓励他们说出来，并与学校或其他相关机构沟通，寻求解决方案。如果情况严重，比如涉及身体伤害或者持续的威胁，可能需要考虑采取法律途径。

（乔　颖　马银珠）

关键词：社交媒体　人际关系　连接

33. 为什么我只喜欢在**社交媒体**与人交流

你拥有多少个社交媒体的账号？又有多少种“人设”？甚至根据不同平台不同的风格取向，个人还可以开设多个账号，代表不一样的自己。一些青少年热衷于扮演不同的形象，吸引不同的人来交流。

专家说

社交媒体提供了一个相对匿名且无需即时反馈的环境，这对于某些人来说可能更为舒适。在这样的平台上，人们可以精心挑选自己的言辞，甚至通过表情包和滤镜来塑造自己的形象，从而避免面对面交流时可能出现的尴尬或紧张。也可以拥有一段看似紧密且没有负担的关系，如遇冲突或矛盾，可以马上拉黑删除，说走就走，不用再见。但现实不一样，我们小心

翼翼地经营着友谊，时刻调节自己去理解和“忍耐”对方，万一还是产生了矛盾，还得忍受着巨大心理负担去解决真实的困难，如果这段真实的友谊仍然无以为继，每天还要同处一个教室，简直痛苦万分。

然而，即使社交媒体有诸多优势，我们也不能忽视其存在的局限性。首先，过度依赖社交媒体可能导致真实社交技能的退化。面对面交流中的非言语信息（如肢体语言、面部表情）在社交媒体上难以完全传达，这可能会影响人与人之间的深度连接。其次，社交媒体上的信息往往经过筛选和美化，可能导致人们对他人的认知产生偏差。最后，过度使用社交媒体还可能引发一系列心理健康问题，如网络成瘾、社交比较焦虑等。我们应该认识到运用社交媒体交流的局限性，并努力平衡线上与线下的社交活动。通过积极参与面对面的社交互动，我们可以更好地培养真实的社交技能，深化与他人的关系，并促进个人的全面发展。

（张　蕾）

34. 为什么我只有在**线上**才能交到朋友

关键词

朋友 人际关系

你有没有着这样的烦恼：在人群中总觉得自己像一个孤岛，周围的人好像总有很多话题，而你却不知道该怎么开口？好像只有在线上，才能找到真正理解自己的人。尤其是对于青少年来说，朋友就像是生活中的“阳光”，给你温暖和支持，帮你度过那些被烦恼困扰的日子。但不知道为什么，好像线下交不到朋友，只有线上才有知己。问题出在哪里呢？

专家说

许多青少年会发现线上社交比线下社交更容易，原因在于以下几方面。

（1）线上社交的安全感：线上社交提供了一个相对匿名和可控的环境，你可以选择性地展示自己，不用担心立即被评判或者被拒绝，万一说错了话，也可以相对容易地回避社交场景，例如可以不回复、拉黑对方等。

（2）兴趣匹配更容易：线上社交平台可以根据兴趣爱好推荐朋友或群组，帮助青少年找到志同道合的人。例如，喜欢动漫的学生可以轻松加入动漫爱好者群，找到共同话题，而线下找到这样精准的兴趣匹配往往更难。

（3）沟通方式的偏好：青少年习惯于文字和图像的沟通方式，这种方式可以更好地控制交流节奏。他们可以在回复前仔细思考，甚至用表情符号和图片来表达复杂的情绪，这些在线上交流中更容易实现，而面对面交流则需要即时反应，可能会让一些青少年感到不适应。

线下社交对于一些青少年来说比较困难，还可能与情绪调节能力的不足有关。如果一个人的情绪调节能力不足，可能会在社交中表现得过度敏感或容易失控。例如，有的人在被轻微忽视时就会感到特别难受，或者因为害怕失败而完全回避与他人接触。

此外，过往的负面社交经历会在心理上形成障碍。如果一个人曾在社交中遭受过拒绝或嘲笑，可能会变得更加害怕和他人交流，就像碰到一次“烫手山芋”，下次就不敢再碰了。有些人可能产生“社交焦虑”，它就像一个过于敏感的警报器，总是提醒你“这里不安全”“大家都在看你”，让你害怕与别人接触。你可能觉得自己说错话或做错事，而实际上，别人并没有那么在意，这只是你内心的不安作祟。

（1）给自己一些时间：就像种花一样，友情也需要时间去浇水和照顾。不要急于求成，给自己一些缓冲时间，逐步适应社交场合。

（2）放松自己：试着做深呼吸，或者进行一些简单的冥想练习，帮助自己缓解焦虑。让大脑的“信号灯”变得更加平稳，不再频繁警告自己“有危险”。

（3）勇敢迈出第一步：尽管心里可能会有些紧张，但尝试去主动与别人打招呼。每一次勇敢的尝试，都是向前迈出的一小步，慢慢你就会变得更加自然。

（4）寻求帮助：如果社交焦虑影响了你正常的生活，可以寻求专业帮助。心理咨询师可以帮助你理解自己内心的困扰，教你如何管理这些情绪。

（殷 莉 金美江）

关键词

人际交往 青春期 亲子关系

35. 为什么我觉得周围人的眼光都在**指责**我

你有没有觉得周围人用挑剔的眼光看待自己，似乎常常在指责自己呢？从正处于青春期的孩子口中有时候会说出这样的感受。“指责眼光发出者”可能是父母、亲人、老师、校领导、同学好友，也可能是只有一面之缘的路人。同时你又不那么确定，只是简单地描述为“觉得”“可能”，这和精神病性症状中的关系妄想有本质上的差别，但此时如果没有及时地给予支持、鼓励和帮助，孩子们也可能会陷入自卑、愤怒、无助的情绪漩涡中。

专家说

青春期是一个充满变化和挑战的时期，身处这一阶段，出现这种感受和以下原因有关。

（1）青春期伴随着荷尔蒙的变化，这可能导致情绪不稳定，孩子们可能会因为这些变化而感到不安，同时也因为更加关注自己的外表和行为，从而更容易将周围人的眼神和行为解读为批评或指责。

（2）孩子正在寻找自己在社会中的位置，他们渴望被同龄人和成年人接受，这种对认同感的追求使得他们对任何可能被视为排斥或批评的信号特别敏感。

（3）青春期的孩子正在发展抽象思维和自我反省的能力，这让他们能够更深入地思考他人的想法和感受，但在与他人交往中往往又很担心自己的行为或外貌会遭到他人的评判。

（4）孩子们可能会感受到来自家庭和学校的期望和压力，这些压力可能会让他们觉得必须在所有方面都表现得完美，任何小错误都可能被视为失败。

（5）在社交媒体盛行的时代，孩子们经常接触到理想化的自我形象和他人的生活。这种比较可能会导致他们对自己的外貌和成就感到不满。

健康加油站

关键词 青少年期 压力 沟通

哪些方法可以帮助孩子减少"被指责感"?

为了帮助孩子们理解这些感受是正常的，并且是成长过程中的一部分，可以像下面一样鼓励他们。

（1）开放沟通：与他们信任的成年人或朋友谈论自己的感受。

（2）自我接纳：接受自己的不完美，认识到每个人都有自己的优点和缺点。

（3）正念练习：学习如何专注于当下，减少对他人评价的过度关注。

（4）寻求专业帮助：如果这种感觉变得过于强烈，影响到了日常生活，寻求心理医生的帮助是一个好选择。

（乔　颖　马银珠）

36. 为什么我总是和周围人发生**争吵**

大部分人都有过和人发生争吵的经历，争吵过后总觉得心里闷闷的。青少年期的争吵似乎尤其多，这其实和这个时期的特殊性有关。

这个阶段，你面临比孩童时代更多的压力，而你的情绪调节能力有限，这些都会让你很容易和周围人发生争吵。此时，你需要正确的引导和帮助，理解争吵的原因、减少争吵的频率、舒缓争吵后的压抑状态。

专家说

为什么青少年更容易和周围人发生争吵?

（1）青少年时期伴随着荷尔蒙的变化，情绪波动大，而情绪调节能力仍在发展中，他们可能难以有效地处理强烈的情绪，更易烦躁和易怒；同时在试图探索自己的身份和独立性过程中，容易与父母或权威人物产生冲突，并借此表达对规则的不满。

（2）此时，青少年面临更多的社交压力，但又没有完全掌握有效的沟通技巧，易与同伴发生误解和冲突。

（3）学业和未来规划的压力也会导致焦虑的产生，青少年可能会通过争吵来寻求控制感，尤其是在感到无助或不安全的时候，他们更容易与他人发生争执。

健康加油站

以下是一些可以帮助青少年迅速冷静下来的小技能。

（1）**深呼吸：**进行几次深呼吸，可以帮助放松身体，减少紧张感。尝试吸气数到 4，然后呼气数到 4。

（2）**情绪标签：**识别并命名情绪，比如“我现在感到愤怒”，这有助于你客观地看待情绪。

（3）情绪释放：找一个私人空间，用力挤压一个物体，比如压力球，以释放紧张感。

（4）自我对话：用积极的话语鼓励自己，比如“我可以控制我的反应”或“冷静下来，这不值得”。

（5）正念冥想：练习正念，将注意力集中在当下，观察自己的情绪而不做评判。

（6）视觉化：想象一个让我们感到平静和放松的场景，比如海滩或森林。

（7）运动：如果可能的话，做一些简单的运动，比如走动或伸展，以释放紧张情绪。

（8）寻求支持：如果可能，找一个信任的朋友或同事谈谈自己的感受。如果愤怒情绪经常难以控制，考虑寻求心理方面专业人士的帮助。

（乔　颖　马银珠）

37. 与老师爆发过激烈**争吵**，我该如何面对

有的同学会在课堂上与老师争吵，尽管当时并没有特别在意的感觉，但事后有的同学会感到害怕、焦虑等情绪，尤其是面对这门课

时，可能会心生抵触，注意力难以集中，甚至对学习内容也失去了兴趣。这种心理状态不仅影响学习效果，还可能让你陷入消极情绪的漩涡。但请记住，冲突是人际关系中常见的现象，关键在于如何调整心态并获取支持。

专家说

与老师争吵后，如何调整心态？

对老师的恐惧或抵触情绪会让你在课堂上感到不安，因为每次看到老师，或者想起争吵的情景，我们都会产生紧张感，甚至影响到听课效率。自我怀疑和自责也可能侵蚀你的信心。你可能会想：“我真的有这么差劲？”“同学们会怎么看待跟老师吵架的我？”这种负面思维会进一步削弱你的学习动力。对师生关系的担忧也会让你分心。你可能会过度关注老师对你的态度，而无法专注于学习内容。

事实上，由于青少年正处于大脑尚未发育完全成熟的阶段，情绪比较容易冲动和激动是一种正常现象。因此我们需要首先接纳自己，允许自己有一段时间的不安，不要强迫自己立刻恢复到以往的状态，但也不要轻易回避课堂。冷静之后，尝试和老师积极沟通，处理冲突。这一步，也需要家长和老师的帮助。

除此之外，我们也需要分离情感与学习。当遭遇师生冲突时，学生可能会出现逃避、焦虑、自我怀疑等负面情绪，这些情绪会干扰学习注意力和记忆力，有些人也会因此拒绝学习这门课。这时我们需要提醒自己，学习是你自己的事情，与师生关系的好坏并不直接相关。即使对老师有情绪，也可以尝试专注于课本知识本身，我们可以挑战自己去攻克难题，而不是单纯为了取悦老师而学习。

健康加油站

孩子和老师吵架了，家长要如何做?

首先，家长需要耐心倾听孩子的叙述，了解争吵的来龙去脉，避免立即站队或批评孩子，以免加重孩子的抵触情绪。其次，家长需要与老师进行冷静、理性的沟通。在沟通中，避免将问题简单归咎于老师或孩子，而是共同探讨争吵背后的原因，可能是教学方法的误解、孩子的个性特点与课堂纪律的冲突等。同时，也要坦诚地向老师反馈孩子的感受，让老师了解这次事件对孩子的影响。最后，家长需要帮助孩子从这次冲突中学习和成长。引导孩子反思争吵中的行为，鼓励孩子主动向老师道歉或解释，即使孩子觉得是老师的错，也可以通过礼貌的沟通表达自己的立场，而不是消极对抗。

（李　煦）

四

我和学习

38. 我为什么会**厌学**

关键词：学习压力 人际关系 家庭关系

在某一个时期，你是不是会突然不想学习，甚至有的时候上学都很困难？对于有的人来说，他们并不知道自己为什么突然厌学，但是想到要去学校，就会非常不开心，甚至非常抗拒。父母可能会认为厌学只是学习动力的缺失，实际上，除了学习本身，其他的因素也可能让孩子拒绝去学校。

专家说

为什么我会突然厌学？

首先，学习本身带来的压力是最常见的原因。随着学习任务的增加和难度的提升，你可能会觉得自己力不从心，比如数学题目越来越难，英语单词背了又忘，这种挫败感会逐渐积累，最终可能导致厌学。此外，学习过程中缺乏成就感和动力也会让人厌学。当你发现自己的努力没有得到相应的回报，或者看不到学习的意义时，学习就会变得枯燥乏味。

其次，人际关系问题也可能是导致厌学的深层原因。在学校里，你可能和同学相处得不够融洽，感觉自己被孤立，或者和老师之间存在一些误解。比如，你可能因为一次课堂上的小失误而被老师批评，从此就对这门课或这位老师产生了抵触情绪。如果在班级里找不到归属感，或者总觉得自己不被理解，那么学校就会从一个学习的场所变成一个让你感到不舒服的地方，进而影响你对学习的兴趣。

最后，家庭关系也是影响学习态度的重要因素。如果你和父母关系紧张，比如父母总是批评你、不理解你的感受，或者他们之间经常争吵，给你带来心理压力，你可能无法把注意力集中在学习上，而且变得很敏感和不安，这也会导致学习的效果不佳，甚至会加剧厌学情绪。此外，父母对你的期望过高，也会让你感到沉重的负担。比如，他们总是希望你考高分、进重点学校，而忽视了你的兴趣和感受，这会让你觉得学习只是为了满足他们的期望，而不是为了自己的成长。

健康加油站

感到厌学怎么办?

首先，要正视自己的感受，梳理问题。如果是因为人际关系问题，试着主动和同学、老师沟通，表达自己的想法，也可以向老师或学校的心理老师寻求帮助。如果是因为家庭关系，可以找个合适的机会，心平气和地和父母谈一谈你的感受，让他们理解你的压力和困惑。在学习过程中，要给自己设定合理的期望，不要盲目追求高分，而是注重学习的过程和收获。同时，找到学习的乐趣也很重要，比如通过阅读课外书籍、参加兴趣小组或者将所学知识应用到实际生活中，让学习变得更有意义。

（李　煦）

39. 为什么我做作业总是喜欢**拖延**

关键词

拖延 时间管理

做作业拖延是许多学生常见的问题，它不仅影响学习效率，还可能导致成绩下滑，甚至引发家庭矛盾。但你知道吗，这种行为背后有着复杂的心理原因，而了解这些原因能帮助你有效改善。

专家说

为什么我会做作业拖延?

做作业拖延背后隐藏着多种心理因素。

（1）**任务厌恶**：当作业内容枯燥、难度过大或与兴趣不符时，心理会本能抗拒。比如，面对复杂的数学题，我们可能因害怕犯错而拖延，这是我们对困难任务的抵触情绪。

（2）**时间管理错觉**：有的人会高估剩余的时间、低估作业需要花费的时长，所以会一再推迟作业——反正晚上还有很多时间，先放松。结果临近睡觉才惊觉作业未完成。

（3）**完美主义倾向**：过度追求完美，害怕作业不能高标准地完成，因此不敢开始。总觉得要等到最佳状态再动笔，但等着等着就会非常焦虑，看到没有动笔的作业，也许这个焦虑会加剧。

（4）**自控力不足**：作为青少年，我们本身就比较难以抵御外界诱惑，如手机、电视、游戏等，如果注意力总是无法集中，做作业的效率就会降低。

（5）**精神疾病所致**：对于存在注意缺陷多动症、抑郁症、焦虑症等精神疾病的青少年，疾病会导致他们无法高效完成作业，造成拖延的情况。

健康加油站

如何克服作业拖延？

（1）**改变认知**：树立正确作业观念，把作业当作巩固知识、提升能力的途径，而非负担。参与学习活动、与同学交流，增强学习乐趣和动力。

（2）**制订计划**：合理安排学习时间，将作业任务拆解为小块，设定完成时间和优先级，逐步完成。可以使用日程表、待办事项清单等工具辅助。

（3）**优化环境**：营造安静、整洁、舒适的学习空间，减少干扰因素。在学习时，保持专注，避免一心多用。

（4）**培养自控力**：通过自我监督、自我约束和自我调节，提高自控力。可以采用自我奖励机制，完成作业后给予奖励，增强自控力。

（5）**及时寻求专业帮助**：对于可能存在精神疾病、情绪问题的青少年，建议及时就诊，通过药物治疗、心理治疗等改善疾病问题，恢复学习能力。

（李　煦）

40. “聪明药”真的能提高考试成绩吗

关键词

聪明药　精神活性药物　注意力

考试前，大家都希望自己有一个“哆啦 A 梦”，从它那里获得记忆吐司就可以把所有的知识点都吞下去。同样的，一些学生和家长选择了服用“聪明药”在短时间内提高注意力和学习效率，这些所谓的“聪明药”通常是一些精神类处方药，例如哌醋甲酯缓释片和盐酸哌甲酯缓释片，它们主要用于治疗注意缺陷多动障碍等疾病。服用这类药物后，短期内可以使人精神振奋，集中注意力，不容易分神，从而帮助考生在考试中保持清醒的头脑和旺盛的学习精力。但实际上，正如《哆啦 A 梦》中的主人公大雄吃面包吃吐了一样，盲目依赖这些药物不仅不能达到预期效果，反而可能会导致失眠、心跳加速，甚至成瘾等严重的健康风险。

专家说

“聪明药”是什么？

通常是一些精神类处方药，属于中枢神经系统兴奋剂，通过阻断突触前神经元对去甲肾上腺素和多巴胺的再摄取，以及增加这些单胺物质释放至外神经元间隙而调节神经中枢，能够让人觉得更有能量、保持清醒和警惕，也会提高人的愉悦感。当人更有能量、更专注的时候，当下的学习就能有更好的表现，故而有了这样一个名字“聪明药”。

“聪明药”为什么不能提高学习效率？

精神类药物是通过药物作用在药效期内提高神经递质水平，只是短暂提高某一段时间的专注度，但并不能真正地使人变“聪明”，并可能伴随恶心、头晕、心动过速等不良反应，长此以往可能会导致成瘾，出现戒断症状，进一步加重身体和心理上的不适。药品有其适应证范围，超出范围服用有害无利。家长不要自作主张购买“聪明药”，揠苗助长不可取。

健康加油站

正确提高学习效率和成绩的方法有哪些？

长时间绷紧的皮筋终究会失去弹性，甚至断裂，人的精神也是一样的。在学习中，想要提高效率和成绩，更需要注意调节皮筋的松紧，充足的睡眠与健康的饮食是基石，行为技巧则可以锦上添花，如：通过正念练习可以训练自己的稳定且持续地集中注意力的能力，同时也可以改善情绪；适当的运动可以提高大脑供氧能力；利用首因效应、近因效应将需要记忆的内容安排在睡醒后、睡觉前，利用记忆遗忘曲线复习巩固；合理规划时间避免疲劳。

家长也需要适当放松紧绷的情绪，尤其是孩子面临升学考试的时候，家长可以做一些后勤保障工作，保证学生的睡眠环境、食品营养，如果孩子想要倾诉苦恼，家长可以保持倾听与支持。当孩子有长期情绪低落、失眠、早醒等情况，无法自行缓解，家长应及时带孩子就医。

（张　蕾）

五

我和喜好

41. 为什么我特别喜欢和**同性**一起玩

关键词

人际关系　自我认同　社交焦虑

小明是个初中男生，上初二后他觉得和男生在一起更放松、不会顾虑太多，和女生一起玩时会有点紧张、担心她们对自己做出不好的评价，因此更喜欢和男生在一起玩。渐渐地，小明大部分朋友都是同性，有时为了避免和女生相处时尴尬，故意在异性面前装作冷酷或漠不关心，但小明内心想和更多同学交往，不管是同性还是异性。

专家说

自我认同和人际交往

自我认同是一个人对自己是谁的总体理解和认知，如对自身特质、价值、角色、归属感及生命意义的认知。青少年时期，孩子们积极探索自我身份，试图理解自己是谁，以及在社会中扮演什么角色。他们常常会更加关注与自己性别相同的人，因为他们之间的经历和情感更能引起彼此的共鸣，交往中彼此间的共同点和话题更多，也更容易感觉被理解。人际交往有助于我们更好地认识自我。在青春期，由于害怕被评价，青少年可能会出现不敢与异性交往的情况。学习和掌握有效的人际关系沟通技巧对人际支持系统的建立和自我认同发展至关重要。

认识社交焦虑

如今，“社恐”“社牛”等热词在青少年中广为流传。社交焦虑，也就是俗称的“社恐”，常出现在青春期，在当众讲话、与异性交往等社交场合，会出现脸红、心跳加快、讲话结巴等躯体不适症状，进而导致青少年回避社交活动。克服“社恐”的有效方式包括改变“他人会对我有不好评价”的错误想法，直面社交的恐惧，在实际交往中克服恐惧等。

健康加油站

如何建立更广泛的友谊?

（1）扩大兴趣范围：发展多样的兴趣爱好，如社团活动、体育活动、艺术活动等，尝试与不同性别、不同角色的人一起参加活动，在与他人交流中建立丰富的人际支持系统。

（2）尊重彼此的界限：每个人在交往中都有自己的舒适区，不同性别、不同性格的人对人际交往方式、接触方式有着不同的感受和界限，尊重这些界限可以帮助青少年建立更健康、更长久的友谊。

（3）主动交流，打破隔阂：打破诸多顾虑，主动与对方交流，分享自己的想法，了解对方的观点，寻找共同的兴趣爱好，建立广泛的友谊。

（钟　娜）

42. 为什么我特别喜欢喝某种治疗咳嗽的药水

关键词

味道　喜好　药物成瘾

你们有没有发现，有时候会觉得治疗咳嗽的药水特别好喝呢？相信大家在生病时都喝过治疗咳嗽的药水，它的味道可能让你觉得它不只是药，而像是一种特定的“喜好”。有的同学甚至会觉得这比果汁还要好，以至于即使没有生病，仍然想要喝它。

专家说

治疗咳嗽的药水里有什么？

治疗咳嗽的药水是一种用于缓解咳嗽症状的液体药物，常用于治疗各种原因引起的咳嗽，如感冒、支气管炎等。除了中草药成分外，治疗咳嗽的药水为了口感，经常在其中添加一些甜味剂。一些治疗咳嗽的药水中有能轻微改变意识状态的成分，如右美沙芬，在过量时可以产生一种分离感或轻微的欣快感，可能会导致药物成瘾。

治疗咳嗽的药水为什么会有“吸引力”？

首先，大多数治疗咳嗽的药水为了让孩子们更容易接受，会添加一些甜味剂。比如，常见的治疗咳嗽的药水可能会有樱桃、橙子、苹果等口味，这些味道是我们非常熟悉和喜欢的。想象一下，当你在喝药水时，舌尖上回味着甜甜的果味，感觉就像在吃糖果一样。

其次，治疗咳嗽的药水能给孩子们带来身体上的舒适。药水能够帮助缓解咳嗽和喉咙的不适。当你服用药水后，症状缓解了，身体感到舒服，这种“症状消失的感觉”也会让你对药水产生正向的情感联结。渐渐地，你可能就会觉得“喝治疗咳嗽的药水让我感觉很好”，这会无意中强化你对它的喜好。

最后，当孩子生病的时候，爸爸妈妈会特别关心他们，给他们喝药水、陪他们看喜欢的动画片。这个时候，治疗咳嗽的药水不仅有药用价值，更是关爱的体现。生病时，妈妈会轻声地叮嘱：“乖宝贝，喝了治疗咳嗽的药水就能很快好起来。”当他们喝治疗咳嗽的药水时，这种情感上的联系，让他们觉得喝治疗咳嗽的药水是一件很幸福的事情。

但仍然需要警惕，治疗咳嗽的药水是一种药物，喝多了会损害身体健康。个别品种也有成瘾的风险。

健康术语

药物成瘾

药物成瘾（药物依赖）是指个体因反复使用药物导致的一种慢性、复发性脑疾病，表现为强迫性用药行为，伴随耐受性增加、戒断症状，以及对个人健康和社会功能的显著损害。

（张　凯）

43. 为什么我会喜欢上饮酒和抽烟

关键词

酒精 尼古丁 精神活性物质

在快节奏、高压力的现代生活中，烟酒往往被视为缓解压力和逃避现实的手段。青少年有时也会因为好奇、压力或试图融入群体而尝试这些行为。然而，这些看似能够缓解压力和提升情绪的行为背后却暗藏健康风险。无论是饮酒还是抽烟，这些行为都可能会逐渐发展为一种依赖，严重影响人的身体健康和心理状态。

专家说

为什么人会喜欢上饮酒和抽烟?

酒精和烟草中的尼古丁都属于能够影响人类精神活动并能够使人类产生依赖的精神活性物质。在饮酒时，酒精通过抑制大脑神经活动，产生令人松弛、愉悦或暂时减轻焦虑的效果。而香烟中的尼古丁能够促进大脑中的多巴胺释放，让人产生短暂的快感和满足感。这些短期的积极体验会让人更倾向于再次去尝试饮酒或抽烟。部分青少年的烟酒成瘾行为，也会和不当的社交需求有关，比如受到有不良习惯的朋友影响，或者为了寻求小团体的认同。

为什么饮酒和抽烟会形成依赖?

随着抽烟、喝酒频率的增加，身体会逐渐适应这些物质，导致需要更大的剂量才能获得同样的效果。

长此以往可能就会形成依赖，对酒精和烟草产生强烈的渴求，甚至导致行为失控，一旦停用还会出现戒断症状，例如焦虑、烦躁、失眠、出汗、心悸，严重时甚至出现幻觉、癫痫发作、意识障碍等，对身体健康和心理健康都会造成严重危害。

长期饮酒和抽烟对身体的影响

一旦对饮酒和抽烟形成依赖，会给身体带来诸多严重危害。长期饮酒会损害肝脏，导致如脂肪肝、肝硬化等肝脏疾病，增加心血管疾病和某些癌症（如口腔癌、食管癌）的风险，影响大脑功能。吸烟可导致肺癌、慢性阻塞性肺疾病（COPD）、心脏病等，同时对呼吸道和血管系统造成不可逆的损伤。

健康加油站

如何正确面对压力和诱惑，避免沉迷饮酒和抽烟？

首先，培养一个兴趣爱好是有效的解压方法。此外，放松训练也有助于情绪管理。与家人、朋友交流你的感受和经历，寻求他们的理解和帮助，能够让你在面对挑战时更加从容。最后，拥抱健康的生活方式，锻炼身体、合理饮食、保持良好的睡眠习惯，能增强你的免疫力和心理韧性，使你更有力量去应对生活中的压力和诱惑。如果你已经开始尝试饮酒或抽烟并感到难以控制，或者感到心理压力持续不减，严重影响到日常生活，应及时寻求专业人士的帮助，咨询医生或心理咨询师。

（殷　莉　王竹君）

关键词

网络游戏　逃避现实　心理需求

44. 网络游戏为什么那么吸引我

随着互联网的普及和智能设备的广泛应用，网络游戏逐渐成为许多人日常生活的重要组成部分，尤其是在青少年群体中。越来越多的人发现自己在空闲时忍不住投入到虚拟世界，甚至影响到日常的学习和工作。

专家说

网络游戏为什么让人上瘾?

网络游戏设计利用了人类大脑的奖励系统。在游戏中，玩家每完成一个任务或取得一项胜利，都会获得即时的反馈，如积分、虚拟道具或新的关卡。这些反馈刺激了大脑释放多巴胺，产生愉悦感。多巴胺是一种神经递质，它在大脑中起到奖励和愉悦的作用，激励人们去重复完成某种行为以获得更多的愉悦体验。此外，很多游戏都设计了丰富的社交元素，例如公会、团队合作、对战等，使玩家在虚拟世界中建立社交关系，增强参与感和归属感。社交互动可以为一些现实生活中可能感到孤独或被忽视的人提供情感支持，进一步加深他们对游戏的依赖。

网络游戏成瘾的生理和心理机制

那么，网络游戏究竟是如何通过这些因素使人成瘾的呢？从生理上讲，网络游戏的成就感和刺激性会让大脑习惯于快速获得奖励和满足感。长期如此，大脑中的奖赏系统就会对这种快速反馈产生依赖，玩家开始渴望游戏带来的愉悦感，并逐渐产生“需求”，表现出难以自控的游戏欲望。从心理上讲，网络游戏对某些人而言，特别是情感需求得不到满足或生活中缺乏成就感的个体，提供了一个逃避现实的出口。游戏中的虚拟世界能够给予他们即时反馈、认可和情感支持，从而让他们更容易对游戏产生依赖，逐渐形成成瘾行为。对于这类人来说，游戏成为一种对现实压力的应对方式，甚至是心理上的“自我疗愈”。例如，有些玩家在学校或家庭中缺乏认可和成就感，而游戏中的虚拟成就可以带来暂时的满足感。此外，网络游戏中的虚拟世界能为玩家提供一个逃避现实的空间，尤其是当玩家面临压力、焦虑或社交困境时，游戏成为他们暂时逃避的“避风港”。

健康云课堂

打游戏成瘾到底是怎么回事

（殷　莉　冉茂佳）

45. 为什么我离不开**购物**

关键词

购物　成瘾　情绪

爱美之心，人皆有之，青少年适度购买新衣服打扮自己、购买自己喜欢的物品都是正常的。但是有一种情况需要引起重视，那就是短期内反复大量购物，而且购买的还不一定是日常所需物品，购买后有一定的懊悔情绪，觉得自己不应该买这么多但又无法控制。实际上，这种难以抑制的购物冲动，不仅会花费大量时间和金钱，甚至还会导致家庭矛盾、人际冲突和经济困难。

购物成瘾是一种行为成瘾。行为成瘾与药物成瘾类似。某种行为（例如购物、拔毛、自伤等）与中枢神经系统相互作用，让人感到放松、愉悦或是精神振奋，长期可能产生耐受性（加大行为刺激强度才能维持同样的效果）、戒断反应（身体反应如恶心、焦虑等和心理上强迫性需求），影响正常生活。购物成瘾的背后，往往是情绪失调在作祟。因此，我们需要掌握一些情绪调节的技巧。管理情绪的首要任务是觉察到情绪、然后接纳它。如果有一些童年期与购物有关的创伤性经历，建议找专业的心理治疗师进行创伤治疗。平时还要建立健康的社交圈、形成有效的社会支持系统、发展多种积极健康的业余爱好，这些都有助于舒缓情绪。

（殷　莉）

关键词

身份认同　归属感　榜样

46. 我喜欢**追星**有错吗

作为青少年，喜欢追星很正常，因为此时的你正处于自我探索的关键阶段，常常对自己的身份感到迷茫。你通过尝试和父母拉开距离，寻求新的社交对象等方式探索自我，而明星鲜明的个性和理想的形象，往往会成为你心中理想自我的代表。追星不仅会带来快乐，还是找到身份认同和归属感的重要途径之一，但追星的同时也要保持理性。

专家说

为什么说追星时要保持理性？

虽然，追星在青少年中很常见，可以带来积极的影响，但也可能引发问题，比如过度沉迷，花费大量金钱、时间和精力，盲目模仿明星，甚至歪曲了价值观等。青春期是价值观形成的关键时期，青少年容易受到明星行为的影响，比如过度关注颜值，忽略努力和内在品质的重要性；或盲目追随单一价值观，排斥多元观点，这些都会给青少年身心健康造成伤害。因此，我们需要理性追星，了解追星过程中的“隐患”，避开“甜蜜陷阱”。首先，我们要明白明星并非完美无缺，不能盲目地接受偶像的一切行为和观点，而应以偶像的优秀品质为榜样来激励自我成长，比如坚持、勇气、善良、自律，等等。其次，借助偶像的优点设定自己的目标，专注于自身成长，包括合理安排好时间，适度参与追星活动，这样我们才能把偶像的优秀品质转化为自身真正的实力，最终成为像偶像一样闪闪发光的人。

健康术语

身份认同

身份认同是指你对自己是谁、属于哪个群体以及如何看待自己的一种认知。比如，“我是谁？”“我喜欢什么？”“我属于哪个圈子？”等等。在青春期，你会开始探索自己的兴趣、价值观和个性，慢慢形成独特的自我认知。身份认同还包括你对自己的性别、文化、信仰等方面的认同。这个过程可能会充满困惑和尝试，但正是通过这些探索，你才能更好地理解自己，找到属于自己的位置。身份认同不是固定的，它会随着你的成长和经历不断变化和发展。

（曾庆枝）

关键词

功能性饮料 成瘾行为 精力

47. 喜欢喝功能性饮料正常吗

功能性饮料在青少年群体中广受欢迎，不仅因其独特的口味，还与青少年学业压力大、体能精力消耗过多、社交认同需求和心理暗示等因素有关。尽管功能性饮料会带来一定正面效果，但饮品中的添加成分往往超过建议膳食摄入量，长期或大量摄入可能会导致健康风险，如咖啡因依赖、睡眠障碍、心悸、肥胖、龋齿等。因此，适量饮用并保持均衡饮食，对于身心发育未成熟的青少年而言更为健康。

专家说

为什么青少年会喜欢喝功能性饮料?

目前，国内对于功能性饮料的定义并不明确，被广泛认可的是 GB/T 10789—2015《饮料通则》中关于特殊用途饮料的定义，即：加入具有特定成分的适应所有或某些人群需要的液体饮料，主要包括运动饮

料、营养素饮料、能量饮料、电解质饮料和其他特殊用途饮料。部分功能性饮料不仅口味酸甜清爽，风味独特，还含有较高含量的咖啡因。咖啡因具有提神醒脑、增强注意力、消除疲惫与困倦的作用，部分青少年需要提神、集中注意力，因此选择使用此类功能性饮料。但咖啡因具有一定成瘾性，在长期或过量摄入后可能导致依赖。在学校或某些社交场所中，喝功能性饮料可能被视作一种潮流，基于同龄人社交认同的需求，可能会增加青少年对这类饮料的偏好。如果认为饮用功能性饮料会感到愉悦，喜欢并期待这种饮料带来的效果，也会使青少年依赖此类饮品。

功能性饮料成瘾症状的表现和危害是什么?

过量饮用含咖啡因等神经兴奋成分的功能性饮料可能会导致成瘾，出现强烈的渴求与失控行为。例如，青少年对功能性饮料的饮用欲望远超正常需求，频繁购买、饮用，甚至无法控制饮用量。此外，长期饮用后还会导致身体逐渐对咖啡因等成分产生耐受性，需增加饮用量才能达到提神或兴奋的效果。一旦停止饮用，可能出现头痛、疲劳、焦虑等戒断反应。

健康加油站

青少年提高精力和专注力的方式有哪些?

（1）充足睡眠：保证每晚7~9小时的高质量睡眠，有助于提高第二天的精力和专注力。

（2）健康饮食：均衡饮食，包括丰富的水果、蔬菜、全谷物、蛋白质和健康脂肪，可以提供持久的能量。

（3）规律运动：定期进行有氧运动和力量训练，可以提高身体素质，增强注意力和专注力。

（4）休息和放松：定期休息，进行冥想或深呼吸练习，有助于减轻压力，提高专注力。

（张　凯）

关键词

盲盒　不定比率强化　赌徒心理

48. 为什么我超爱拆盲盒

你有收集的习惯吗？是娃娃、手办、小卡、徽章？是直接购买还是通过盲盒方式抽取？是会不集齐不罢休，还是差不多就得了？在当今消费文化盛行的时代，盲盒作为一种独特的商品形式，正逐渐受到越来越多人的喜爱。人们热衷于购买盲盒，并非仅仅为了获得其中的物品，更多的是享受在这一过程中的心理满足和探索未知的乐趣。尤其对于青少年来说，盲盒里有二次元周边、手办，价格可以承担，就更有吸引力了。那么你购买了多少？花销是否在自己能够承担的范围？是否会让自己“节衣缩食”把为数不多的午餐费、补课费都要省下来购买这些商品呢？

专家说

青少年为什么会买盲盒成瘾?

盲盒利用它的“隐藏款”，即它的未知和不确定性，吊足了购买者的胃口，在心理学的强化理论中，这叫作“可变比率强化”，也就是不确定下一次的奖励何时出现。不确定的刺激会加强重复决策，盲盒里不固定比例的奖励会强化某一行为，这让盲盒一时间成了让人上瘾的存在。盲盒的独特之处除了它的“盲”，还在于隐藏款和限量款的存在，创造了一种“博彩式”玩法，体现了“我很幸运”的心理。最后，基于人们的心理认知偏差，赌徒心理与赌徒谬误总是让人停不下来，心想着：这一把抽不到，下一把总能风水轮流转。

如何控制这一行为?

首先，摸摸钱包，看看账户余额，计算本月所需的必要开销，如餐费、补课费、课外书费、文具费等等，就知道最多可以用于购买盲盒的零花钱是多少。其次，要明白所谓“限量款”也是商家想生产多少就可以生产多少的。最后，问自己两个问题“集不齐会怎么样”“集齐了又意味着什么呢”。

（张　蕾）

49. 喜欢穿“异性的服装”有问题吗

关键词
自我表达　性别认同　自我发展

小 C，男性，15 岁。最近两年他对时尚特别感兴趣，会看各类时尚、服装等视频，收集一些他觉得漂亮的衣服。小 C 也经常研究如何穿搭，尽管有些服装看上去有点“女性化”。父母对小 C 的穿搭颇有微词，觉得不应该买或者穿较女性化的服饰。小 C 却认为这是个人喜好，并且没有影响到人际关系和学习，甚至还考虑未来从事相关行业。

专家说

理解“自我表达行为”

青少年处于积极的自我探索阶段，会热衷于发展个人爱好，尝试各类新鲜事物。然而，成人有时会误解某些活动或行为，将其视为怪异或离经叛道之举，甚至试图强行中止，从而引发严重矛盾冲突。作为青少年，应积极地与成人沟通，告诉他们这些行为背后的动机，让父母理解你的勇敢和热爱，告诉他们这些行为对你的意义。

理解性别认同

性别认同是个体对自身性别的内在体验与认同。儿童期孩子多依赖生理特征认识自己的性别，青春期第二性征开始发育，青少年会对性别身份展开深入思考与探索，关注性别角色的标准。青少年可以进行积极的自我探索，与家人、老师、朋友等信任的人交流困惑，发展同性、异性的人际关系，建成人际支持系统，找到归属感，进而更好地认识自我身份。

健康加油站

作为父母，如何帮助青少年自我认同，更好实现自我发展？

（1）理解与接纳：青少年会有很多对于自我身份的感受和困惑，作为父母，以开放和尊重的态度和他们保持沟通，不急于评判或干预，理解青少年动机、支持自我探索、陪伴自我发展。

（2）提供知识和资源：青少年存在自我身份困惑时，为其提供可靠的书籍、影片或其他支持性资源，共同发展策略解决这些困惑。

（3）创造安全的表达环境：武断的判断、歧视、指责、嘲笑等行为，可能切断青少年与父母的沟通及表达，甚至导致其自我发展和自我认同受阻，父母应尊重青少年的自我探索和表达，尊重孩子发展需求。

（4）寻求专业帮助：如果青少年确实存在性别认同问题，及时向医疗机构、专业咨询机构寻求帮助。

（钟　娜）

六

我和生命

50. 为什么我总觉得活着没什么意思

关键词

生命意义　心理健康　自我价值

“为什么我总觉得活着没什么意思？”其实，有这种想法一点也不奇怪，很多青少年都在某个瞬间，甚至是一段时期内，被同样的困惑笼罩。想想看，当你每天背着沉重的书包，面对堆积如山的作业和一场接一场的考试，会不会觉得生活好像被学习填满，找不到一点属于自己的快乐？好不容易熬到假期，却发现不是在上补习班，就是被各种兴趣班安排得满满当当，连喘口气的时间都没有，这很容易让人对生活失去热情。

专家说

在当今社会，部分青少年时常流露出“活着没什么意思”的感慨，这一现象背后的成因复杂而多元。青少年正处于身心急剧转变的关键时期。身体上的快速发育使他们在短时间内经历诸多陌生变化，心理层面则需要应对自我认知的重塑、情感的强烈波动以及社交关系的全新构建。这种身心的不平衡易让他们陷入迷茫与困惑，难以在短期内找到生命的清晰定位与方向，从而产生一种无所适从的“无意义感”。

家庭本应是温暖的港湾，可有些时候，它也会成为压力的来源。父母的过度期待、频繁争吵，或者是对你的忽视，都会让你在心里问自己：我到底重要吗？在学校里，要是和同学相处得不融洽，被孤立、被排挤，那种孤独感会让你觉得这个世界仿佛没有自己的容身之处，生活也就变得黯淡无光。

青少年会产生“活着没什么意思”的想法，是身心发展失衡、学业压力、家庭环境、社会信息影响以及自我价值迷失等多方面因素交织作用的结果。但是这种想法也是会变化的，随着年龄增长，社会阅历增加，青少年对人生会有积极的看法，人活着还是有意思的。可以从读书开始，深入地去了解一个观点，沿着它提出概念扩充知识的广度和深度；用脚来丈量城市的角落，带着好奇去观察别人的生活，去体验在这个城市/小镇生活的自己；多一些面对面的深入聊天感受自己真实的存在。

健康术语

自我价值

自我价值是指个体对自身存在的意义、能力和重要性的一种主观认知和评价。它对于一个人的心理健康和生活质量有着至关重要的影响。

（孙锦华）

51. 为什么我想要**伤害自己**

关键词：自伤行为　情感表达　心理健康

14 岁的初三学生小安在学业和人际压力下，感到生活失去色彩，注意力难以集中，对任何事情都提不起兴趣。一次意外划伤手指，她突然感到前所未有的清醒，仿佛疼痛让她重新找回自己。从此，每当感到麻木或失控时，她都会用自伤来“唤醒”自己。但这种方式只是短暂缓解，长期这么做会伤害身心健康。

专家说

为什么会产生伤害自己的想法?

导致非自杀性自伤想法产生的因素有许多，例如：由于进入青春期后激素水平急剧变化，女同学们伤害自己的想法发生率会显著高于男性；内向性格、低自信的同学，自我满意度较低、发泄途径少，也导致了此类想法发生频率更高；儿童期曾遭遇虐待、父母掌控欲过强、家庭成员缺失、经济水平较低的影响也是引发此类想法的显著原因；校园霸凌和学习压力是学校生活中的重要心理刺激源，青少年常因这些事件出现失眠、抑郁、焦虑等情绪问题，进而试图采用自伤的想法甚至行为来缓解情绪。此外，如果周围同学有自伤现象，青少年容易效仿和学习。

为什么有些青少年会用自伤来寻找存在感？

青少年大脑发育还不成熟，管理情绪的能力比体验情绪的能力发展得更慢。特别是负责调节情绪的前额叶，要到25岁左右才发育完全，而负责情绪体验的部分已经成熟。这种不均衡的发展让青少年更容易被情绪影响，反而难以容易控制情绪。

此外，由于心智化能力还在发展，很多青少年缺少有效的情绪调节方法。当负面情绪积累太多，可能会觉得难以承受，于是通过自伤来释放压力。然而，虽然疼痛能带来短暂的缓解，但它并不能真正解决问题。

健康加油站

如果产生了伤害自己的想法和行为应该如何做？

（1）寻求帮助：与信任的家人、朋友或医疗专业人员交谈，让他们知道你的感受和经历。

（2）专业咨询：寻求心理健康专家的帮助，如心理医生、精神科医生或心理咨询师。

（3）紧急情况：如果你或他人处于紧急危险中，请立即联系当地的危机干预热线。

（4）支持团体：加入支持团体，与其他有相似经历的人交流，可以获得支持和理解。

（况　利　张　凯）

52. 为什么我有时会觉得**对不起**周围的人

关键词：精神内耗　内疚感　抑郁

人会因为社会关系中的各种问题而产生内疚感。比如觉得自己成绩不好，对不起家长和老师；参加比赛觉得自己发挥失常，辜负了队友……内疚源于对自己的期许，本身并非坏事，若能妥善应对，可转化为前进的动力。但倘若深陷其中，就会自暴自弃，陷入精神内耗而抑郁消沉。

专家说

每个人都会遭遇引发内疚的事，并因此情绪低落。多数人通常都能自行恢复。那么，如何判断内疚感是否过于严重，甚至可能是抑郁症的症状呢？可以从以下三方面入手。

（1）范围： 如果处于相对健康的状态，内疚感往往是由明确的具体事件所引起的。而抑郁状态下，人们会产生无端内疚和自责。觉得自己一无是处，给别人造成很多麻烦，对不起身边所有人。

（2）严重程度： 正常的内疚感是与事件后果相匹配的，例如打碎一个杯子和造成严重后果的事件，程度是明显不同的。但抑郁状态下，就会对微小的事件感到严重后悔和痛苦。他们会反复回忆既往过失，出现严重的负罪感，甚至是与事实不符的自罪妄想。

（3）影响持续时间：健康时的复原能力能在较短时间消除内疚感带来的消沉及其影响。抑郁状态下，人就失去这种能力。比如：某个运动员在一次失败后就因为恐惧，无法正常训练和参赛；学生因为一次考试失利而厌学，难以回到课堂。在这种事件的长期影响下，正常生活和工作的能力也会受到损害。

（陈　静）

关键词

幸福感　积极心理学　心流

53. 生活为什么让我感觉很**辛苦**

大多数人都会感到生活的艰辛，其中有很多的原因，比如单调重复的生活、持续高强度学习导致的压力、被迫做一些自己不喜欢的事情、梦想与现实之间的巨大落差、缺乏目标和无意义感等。但如果一个人长期陷在“生活很辛苦”的观念里面，负面情绪就会不断累积，影响身体健康。

专家说

幸福是一种感受，因此我们也需要去培养体验幸福的能力。例如每晚记录一下当天发生的三件好事，也许只是生活中的小确幸。长期坚持这个习惯就能让我们更容易体会到幸福。

幸福也需要目标和成就感的支撑。积极心理学提出了一种被称为“心流”的心理状态。它被认为是一个人能感受到显著幸福感和成就感的一种高效忘我的过程体验。也许你曾有过这样的体验，当你全情投入去做某件事，甚至会忘记时间的存在。追剧、玩游戏虽然也会带来废寝忘食的感觉，也是一种接近“心流”的状态。但如果你是因为某个目标，付出了很多努力、经历了很多辛苦时，例如学习到深夜检查学习成果的时候，或者是征服一座山峰，爬上山巅一切豁然开朗的时候，你体会到的强烈愉悦就是“心流”的状态。前者像河流上漂浮的落叶小花在翻腾，后者则是水流本身，蕴含着无穷力量。

当一个人有相对明确的生活目标时，他即使很辛苦，但依旧可以觉得满足与幸福。比如华坪女子高中里努力学习的姑娘们，为了家人能过上更好生活而努力奋斗的工作者。

健康术语

主观幸福感（subjective well-being，SWB）是生活质量的重要评价指标之一。主观幸福感是指个体对其整体生活质量的判断，包括认知和情感两个维度。认知维度是指个体对其生活状况的满意度，情感维度则是指情绪情感方面的愉悦体验。遗传、文化、家庭环境、经济、社会支持、生活事件、人格、自我效能感、应对方式等因素都会影响个体的幸福感。

（陈　静）

54. 为什么我特别喜欢**生命力旺盛**的人和事物

或许每个人都会喜欢那些具有旺盛生命力的事物。例如阳光、高山、美好大自然的一切。社会交往中，我们也更喜欢那些待人主动热情、具有坚持不懈、积极进取等优良品质的人。因为这些事物都能唤起我们美好的体验，让人有亲近他们、了解他们，想要以他们为榜样的模范力量。

在心理学中，生命力通常指个体积极参与生活的内在驱动力。生命力旺盛的个体往往表现出更健康的身心状态。面对生活中的困难，他们也总是能积极地寻找解决方案。在他人看来，具有旺盛生命力的人似乎也不容易受负面情绪的影响。

心理学家科胡特认为，心理健康的表现就是自信 + 热情。自信能够给自己发展的动力，而热情则能够带动他人。

专家说

为什么我们需要接近生命力旺盛的人和事物呢？

因为旺盛的生命力是一种积极的情绪；也是一种积极的人格状态。它与一个人的人生观价值观相联系，是一个人态度与兴趣的表现。

旺盛生命力所蕴含的热情是一种稳定、不求回报且对生活持有坚定信念的品质。我们经常能看到勇于创新的企业家，投身研究的科学家，赛场上拼搏的运动员，执行任务的军人、医护人员，在这些人的身上我们能够感受到他们对生命的热情。这种情绪会鼓舞他人，给他人指引发展的方向、提供动力。

健康术语

内驱力

内驱力指一种来源于内心的动机。这个理论被广泛用于儿童学习、组织行为学和个人发展等领域当中。围绕这个名词发展了很多的概念。内驱力分为渴望获得知识的认知驱动力，通过自身努力作出贡献和成就自我的提高驱动力，以及为了满足权威期待而好好表现的附属驱动力。

（陈　静）

55. 经常思考人活着的意义是怎么回事

关键词

好奇心 价值观形成

在童年和青少年这两个价值观形成的关键阶段，大脑会耗费大量时间与精力进行思考。研究发现，人早在语言功能发展之前就已经开始在观察和思考这个世界，逐渐形成了初步的道德感和行为规则。青少年阶段是价值观形成的重要阶段，大约是从中学到大学时期，很多人会开始对哲学、伦理学、逻辑学、心理学等内容产生好奇心，热衷于一些涉及价值观话题的辩论。

专家说

青少年时期最痛苦的思考莫过于对人生意义和目标的反复思考，这个话题如此宏大，我们着迷其中又始终无法找到解决方案。青少年时期，个体开始独立思考，尝试理解复杂现实世界的运行规则，这个年龄段的孩子会更容易思考一些关于生命价值的主题。在这个阶段找到坚定的人生目标，树立正确的人生观和价值观至关重要。这也是为什么近年来我们国家的精神文明建设工作聚焦于“扣好人生的第一粒扣子”，引导青少年树立积极健康向上的人生观、价值观。除思考人生的意义之外，以行动去实现意义也很重要。当然每个人的志趣不同，目标与意义可以设得很大，如果很微小也不必介意。如果我们迷茫于活着为了什么，与其从很抽象的角度去思考，不如去读一些名人传记，例如罗曼·罗兰的《名人传》，或者从自己喜欢的偶像、钦慕的名人身上寻找灵感，了解他们对于生命的思考和行动，以此来作为自己人生道路上坚固的原点与要去的未来。

健康云课堂

青少年寻找生活意义指南

（陈　静）

56. 如何不再恐惧“生命有限”的话题

关键词

生命的意义　积极心态　活在当下

小 A 进入青春期后，经常会思考“为什么生命是有限的”，感叹人类好渺小，很多无常的意外可能会发生，甚至导致生命的消逝。小 A 稍有心慌、头晕等不适，便担心自己是不是身患重病，即便父母多次带他就医检查没有发现问题，他依然很担心身体健康。人类对生存有巨大渴望，有时我们会非常害怕死亡。在有限的时光里，我们若能多做一些有意义之事，便能拥有更具有意义的人生。

专家说

如何克服对生命有限的恐惧?

（1）探寻生命的意义，从“有限”到“珍贵”： 调整思维，从“时间有限”到“生命宝贵”，到“有意义的生活”，我们才会在有限时间内努力追寻有意义的目标，努力实现心里的梦想。

（2）活在当下： 把所有注意力、行动力、感受力都投入当下，投入到具体的问题解决、目标实现上，不沉溺过去，也不对未来过度担忧，全身心地投入到此刻的生活。

（3）接纳无常，培养积极的心态：生命中难免会遭遇意外，我们应将其视为挑战，借此磨砺解决问题的能力和抗挫折能力，从而保持积极乐观的心境。

对健康过分担忧怎么办？

青少年如有身体不适，经过正规检查无异常但仍然担心，这提示其有焦虑情绪的存在。这种焦虑常来源于对生的渴望和死亡的恐惧，这时青少年应理解自身对生命的热爱，明白过度焦虑也会导致躯体不适，将注意力转移到日常生命中的每个目标和事项中。

（钟　娜）

第三章

了解问题

一

我的焦虑

1. 上台、考试前**心跳加速、手脚冒汗**究竟咋回事

关键词

紧张　情绪理论

你有没有在某一时刻突然感觉特别“紧张”？或许是在等待考试结果时，感到坐立不安；抑或是在社交场合中，担心自己说错话，而导致说话磕巴……紧张是一种伴随着不安、担忧或压力感的情绪反应。它说明身体和心理感知到了威胁或挑战，紧张带来的反应包括身体上的症状（如心跳加速、肌肉紧绷等）和心理上的感受（如担忧各种情况、无法集中注意力等）。紧张通常是短期的，如果紧张长期存在或过于强烈，那就需要及时向家长和老师求助。

专家说

紧张背后的原因是什么？

不同的心理学家对此做出了不同的解释。

（1）詹姆斯 - 兰格情绪理论： 该理论认为，情绪来源于身体的生理反应。当我们面临一个让人感到压力或挑战的情境（如考试、公众演讲）时，身体会首先产生生理反应，比如手心出汗、心跳加快等。这种生理变化被身体感知后，大脑将其解释为“紧张”的情绪。换句话说，詹姆斯 - 兰格模型认为，“紧张”是由“身体反应”所引起的。

（2）**沙赫特-辛格双因素情绪理论**：该理论认为，生理唤起是情绪的基础，而环境线索和认知解释才是决定情绪类型的关键。比如考试这种“压力事件”会引发许多同学的身体反应，有同学的认知将其解释为“正常现象，不必过多在意”，他就不太会紧张；而有的同学认为“这是失败的征兆，我无法好好表现”，这种结合认知解释的生理反应最终被他体验为“紧张”。

如何评估紧张程度？

其实，如果知道自己目前是紧张的，而且这种紧张感不会让人“失控”，哪怕有手心出汗、心跳加速等身体反应，这些反应又跟当下的情景匹配，那紧张就是合适的。但是，如果紧张到感觉“失控”，也就是影响到了自己的生活，很难继续当前要做的事情，那紧张可能是过度的，需要调节。我们可以通过一些焦虑自评量表来简单快速地评估自己的紧张程度，如宗氏焦虑自评量表（SAS）等。

此外运动手表、智能手环等装置，也可以通过监测心率和呼吸，帮助我们识别自身状态。

健康术语

焦虑障碍

焦虑障碍是以焦虑症状为主的精神障碍的统称。主要表现为过度担忧、恐惧与焦虑及行为异常，可能持续数月至数年，严重影响个体日常生活、工作或学习，主要类型包括：广泛性焦虑障碍、惊恐障碍、社交焦虑障碍、特定恐惧症、分离焦虑障碍。

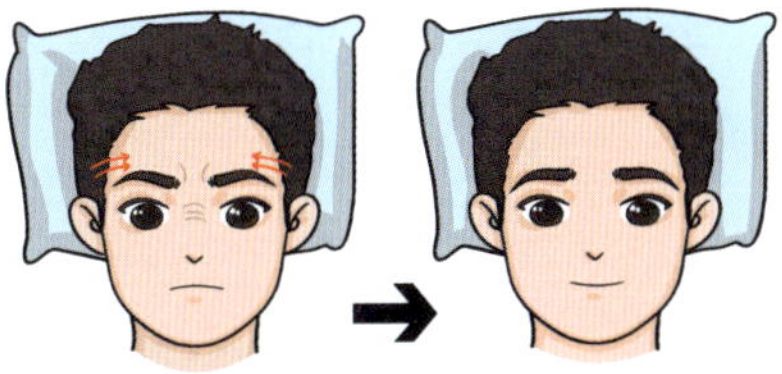

从头顶开始，用力绷紧肌肉，感受颤抖，然后放松

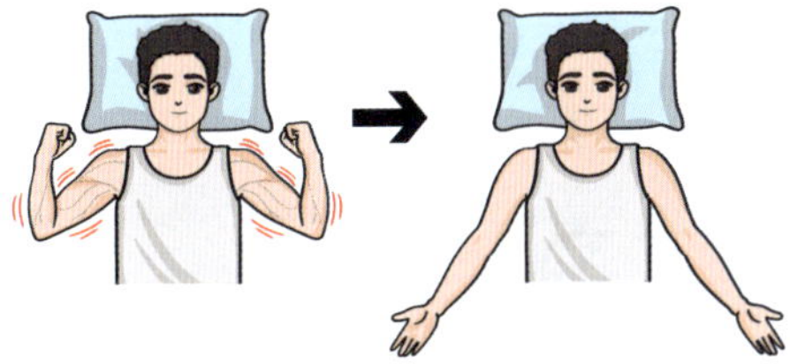

肩部、上肢，依次绷紧再放松

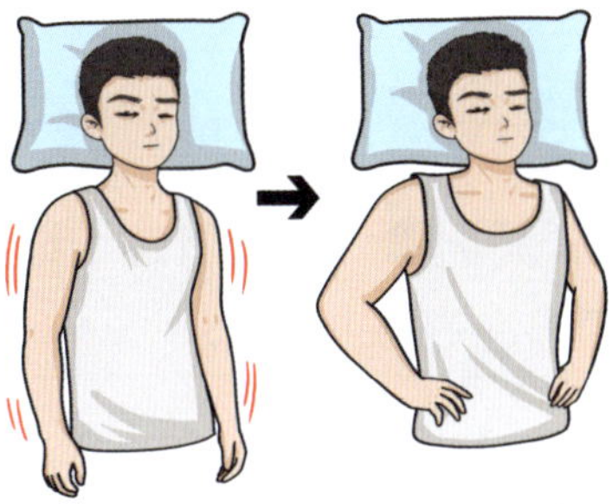

胸部、腹部，重复绷紧与放松动作

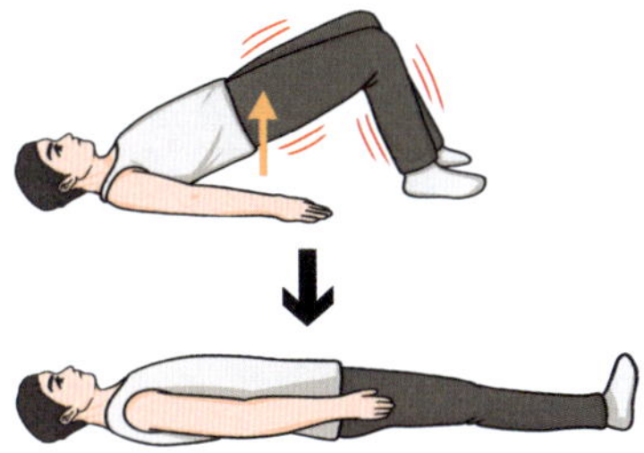

臀部、下肢、双脚，依次完成全身放松流程

（范　青）

关键词

消极偏差　认知风格

2. 为什么很多事情发生之前我就会觉得“有坏事要发生”

考试怕考砸、朋友不回消息怕她生气、上台演出怕忘词……担心坏事发生是对未知的自然反应，源于人类天生对负面信息的偏好，即“消极偏差”。远古时期这能帮助祖先留意危险，从野兽爪下逃生。如今，适度担忧能激励未雨绸缪，如考前早做准备。但“消极偏差”频繁出现，只会“自己吓自己”，徒增烦恼。

专家说

人具有什么样的认知风格时，更容易感到担忧？

（1）非黑即白思维：极端看待事情。如，考试没拿高分，就认定自己完全不擅长该学科。

（2）过度概括：从单个负面事件得出普遍结论。如，运动会没获胜，就觉得自己不擅长体育。

（3）心理过滤：只聚焦负面，忽视正面。如，在学校的表演获得了掌声，只因为其中一个同学笑，就觉得自己被嘲笑了。

（4）贬低自己：否定正面成果的价值。如，在课堂上获表扬，却觉得是老师照顾自己的自尊。

（5）灾难化：总预期最坏情况。如，一次考试失败，就联想到高考失利、前途灰暗。

（6）标签化和错误贴标签：用绝对化的词语给自己或他人贴标签。如，因一次口误就称自己为“蠢蛋”。

（7）应该陈述：用“应该”“必须”评价自己或他人，觉得自己应该全科优异，否则就是失败者。

（8）个人化：合理地把他人的行为归责于自己。如，朋友情绪低落，就认为是自己的错。

（9）读心术：未经证实地认为自己知道他人的想法，特别是负面的想法。如，发信息朋友未及时回，就觉得对方在生气。

（10）情绪化推理：把情绪当事实。如，在派对上感到孤独，就认为没人喜欢自己。

健康加油站

如果总是担忧，可以通过认知行为疗法（CBT）中的技巧来帮助自己逐步调整思维和行为方式，缓解担忧。

（1）识别焦虑：观察担忧内容，深挖背后原因。比如担心考试考砸，思考：考砸后会怎样？

（2）寻找证据：自问有何证据支持或否定担忧。像考试科目擅长吗？复习充分吗？判断担忧是否合理。

（3）认知重构：用理性客观的观点替换消极的想法。如，把“考砸就完了”变为“考试暴露薄弱点，下次可改进”。

（4）问题解决：通过行动直面担忧之事。如，总结考砸原因，考前针对性准备并设立可行目标。

（范　青）

3. 为什么我总是觉得身体**不舒服**，但查不出原因

关键词

身体不适 躯体形式障碍

小宇 16 岁，是一名高一学生，成绩优异，性格开朗。但近几个月，他频繁出现不明原因的头痛、腹痛，严重时甚至会在课堂上疼到脸色苍白、冷汗直冒。父母带他跑遍各大医院，做了脑部 CT、胃镜等一系列检查，结果均显示正常。然而，小宇的症状并没有因此缓解，还新增了失眠、心慌的问题，以至于他无法集中精力学习，成绩大幅下滑。像小宇一样的患者不在少数，他们经历了一轮又一轮的检查，却始终未能找到明确的器质性病变，医生告诉他们“没问题”，但他们内心的直觉却告诉自己，这种不适绝非无缘无故。这种现象在医学上被称为躯体形式障碍，是一种常见的精神心理疾病。

专家说

为什么会得躯体形式障碍?

躯体形式障碍的成因复杂多样，与个体的精神心理状态密切相关。在快节奏的现代生活中，人们面临着巨大的压力和挑战，长期的精神紧张可能会导致焦虑、抑郁等情绪问题，这些情绪问题可能逐渐转化为躯体上的不适。此外，不良的生活习惯、不规律的饮食作息、缺乏运动以及环境因素等也可能对身体健康产生负面影响，进而表现为各种难以名状的不适。

青少年正处于身心发育的关键时期，他们的情绪易波动，容易受到外界环境和人际关系的影响。当面对学业压力、人际关系困扰或家庭问题时，他们可能会产生焦虑、抑郁等情绪障碍。这些负面情绪如果得不到及时疏解，往往会以躯体症状的形式表现出来。例如，有些青少年会反复出现腹痛、头痛、失眠、胸闷、手抖等症状，但在医院进行各种检查后，却没有发现任何器质性病变。这种情况被称为广义的“心身疾病”，即心理因素作为主导因素导致的身体不适。

健康术语

躯体形式障碍是一种精神心理疾病。患者会反复出现各种躯体不适，比如疼痛、胃肠道不适、呼吸异常等。但经过全面医学检查，却找不到与症状相符的器质性病变。然而这些不适对患者来说真实又痛苦，严重影响日常生活、工作及社交。其发病常与心理社会因素、个性特点相关，如长期压力大、不良情绪难以排解，性格敏感、多疑等。治疗一般采取药物与心理治疗结合的方式，帮助患者缓解症状，恢复正常生活。

（孙锦华　沈淑琴）

4. 为什么我只是身体不舒服，却被告知要去**精神科**

关键词

身体不舒服 精神科

有的青少年突然出现呼吸困难、心慌、胸闷等症状，被家人朋友送到医院就诊，但是做了各项检查比如心电图、头部计算机体层扫描（CT）、血液检查等都没有问题，最后被急诊科医生建议去精神科。很多人在精神科医生的指导下，焦虑情绪缓解后，焦虑导致的身体不舒服也明显缓解。

专家说

没有感觉到焦虑抑郁，怎么会因情绪问题导致身体不舒服？

在一些文化背景下，人们更倾向于用身体症状来表达心理问题。比如在一些人的认知里，觉得表达情绪是软弱的表现，而身体不适更容易被接受和理解，所以会更多地将心理痛苦转化为躯体症状来“诉说”自己情绪。这一点在青少年身上更加常见，很多青少年会反复发生严重的头痛、头晕、胸闷、心慌，反复做身体的检查都没有问题，其实是孩子们在用身体症状“呼救”，希望家长能关注理解并减轻自己的压力，能帮助自己缓解情绪。

精神科怎么治疗突发的身体不舒服?

精神科医师在判断身体不舒服是情绪问题导致后，会针对情绪来进行治疗，情绪治疗好了，身体不舒服自然就消失了。比较轻度的情绪问题会选用谈话治疗（心理咨询和心理治疗）、物理治疗（经颅磁刺激、生物反馈治疗等）、艺术治疗（音乐、舞蹈、运动治疗）等方法。针对严重的患者会使用精神科调节情绪的药物比如抗抑郁、抗焦虑的药物进行治疗，更严重的患者，特别是有明显情绪低落、焦虑、自我伤害，甚至常有轻生念头的患者，需要住院进行系统治疗。总体来讲，目前精神科的治疗有效性是非常高的，所以没有必要讳疾忌医，有问题就大胆地找专业的医生来帮助自己。

怎么样才能克服病耻感去看精神科医生?

每个人在生活中都或多或少会有情绪的问题，特别是青少年。轻度的抑郁焦虑，持续时间短，可以通过自己调节比如减轻压力、运动等缓解，比较严重的情绪问题，特别是如果达到影响睡眠食欲，出现各种身体不适，甚至导致伤害自己，令人感觉生活没意义的程度，则表明情绪的问题可能已经发展为疾病，需要向精神科医师寻求帮助。精神科的疾病也是疾病，情绪的疾病也是疾病，和胃炎、肺炎、骨折都是一样的疾病，并不是因为某一个人软弱、不坚强、不努力而出现的，因此没有必要觉得羞耻和不安，要大胆地寻求帮助。

健康加油站

父母如何帮助孩子缓解急性焦虑发作

当急性焦虑发作引起身体不舒服，比如大汗淋漓、呼吸困难、心慌胸闷等时，父母应首先告诉孩子不要惊慌，安慰孩子可能是太紧张、太焦虑导致的不舒服，帮助孩子迅速转移注意力，不让孩子的注意力放在使自己烦心的事情和身体的不适上，可以找一个安静的地方休息，或者喝杯水，或者去户外走走路，或者听音乐，还可以尝试带着孩子进行深呼吸训练、蝴蝶拍，让身体的放松带动情绪的放松舒缓，情绪放松舒缓了，身体的不适自然就会缓解。

（杨　灿）

关键词

时间感知　焦虑

5. 为什么我**紧张**的时候，会感觉时间特别**漫长**

你是不是有过这种感觉：马上要参加一个重要的考试，紧张得心脏直跳，浑身发抖，可是眼看着离考试只有几分钟时间了，时间偏偏像蜗牛爬行，每一秒、每一分都被拉长？而当我们遇到开心的事情的时候，时间却过得飞快，一整天好像就过了几个小时一样。事实上，时间是客观的，不会因为我们紧张而过得更慢，或因为我们开心而过得更快。所以，出现这种时间感觉上的偏差是为什么呢？

专家说

为什么会出现时间感觉上的偏差？

心理学中，这种现象被称为时间感知扭曲，是指个体对时间流逝的主观感受与客观时间之间的差异。个体感知时间受到以下因素影响。

（1）情绪：不同情绪下，个体对时间的感知会有所不同。例如，当人们投入一项有趣的活动中时，会感觉时间过得很快；相反，当人们感到紧张或焦虑时，会感觉时间过得非常慢。

（2）注意力：注意力资源是有限的，当我们将大量注意力投入某一情境时，大脑会更多地处理与该情境相关的信息，从而减少对时间的感知。当我们处于强烈波动的情绪状态时，如紧张、焦虑、恐惧，对时间的感知会变得模糊和扭曲，感觉到时间更加漫长，这种现象叫作“膨胀效应”。

如何缓解过度的紧张情绪？

适当的紧张会有助于我们专注于当下问题解决，过度的焦虑则可能影响我们思维的灵活性。当我们感受到一些身体信号，例如心慌、胸闷、出汗、手抖等，这是在告诉我们：现在可能处于过度焦虑的情绪当中。缓解紧张情绪，可以从以下几方面入手。

（1）**准备充分**：对即将进行的重要活动，做好充足准备。

（2）**放松身体**：例如深呼吸、渐进性肌肉放松等。

（3）**转移注意力**：尝试将注意力集中在其他地方，如与人聊天等。

（4）**积极心理暗示**：例如“我已经准备好了”“我可以的”。

健康术语

时间感知

时间感知是指人们对客观现象的延续性和顺序性的反映，它是人类一切认知活动和动作技能的基础。时间感知具有一定的个体主观性。

（江文庆）

二

我的恐惧

6. "恐高"是胆子小吗

关键词

恐高 胆量 焦虑

假期中不少孩子都会到游乐场或景区游玩，体验各种极限娱乐设施，如失重感十足的跳楼机、疯狂摇摆的大摆锤、刺激的高空玻璃桥等，在进行这些游戏时感到紧张、害怕是正常现象。但是，有的人站在商场的玻璃围栏前、走在盘山公路上都会非常害怕，甚至出现心慌、胸闷、头晕、颤抖、满头大汗等自主神经症状，那就需要注意啦，这可能是"恐高症"。恐高症是一种常见的心理障碍，跟胆量和勇气没有太大关系；常见表现是站在高处，靠近索道、桥边等地方时会明显紧张害怕，甚至出现头晕目眩、幻视等症状。

专家说

什么是恐高症?

恐高症是一种对高处或高空产生过度恐惧和焦虑的情绪障碍，属于特定恐惧症的一种。特定恐惧症指对特定的物体或情境产生不合理的、持续过度的恐惧和回避，而且这种恐惧和回避会干扰人们的正常功能，影响生活质量。恐高症分为情境型恐高症和非情境型恐高症两种。情境型恐高症是指只有处于特定高度或高空情境下才会出现恐惧和焦虑的反应，例如处在楼梯、电梯、桥梁、山峰、飞机等场所。非情境型恐高症是指不需要处于特定高度或高空情境中，只要通过想象或看到高处、高空的相关场景，就会出现恐惧和焦虑反应，例如在看电视、电影、书籍、图片等媒介时出现症状。

恐高症可以克服吗?

当“恐高”对你的工作和生活影响不大时，可以采取一些日常的措施来缓解恐惧。如增加体育锻炼，给予自己正向的心理暗示，逐步接触导致自己恐惧的地方等。如果恐惧已经严重影响了工作和生活，则需要及时求助医生。目前公认的有效治疗方法包括心理治疗和药物治疗，以心理治疗为主。药物方面可以在医生指导下选择苯二氮䓬类等药物抗焦虑，如果在恐高症发作时伴有头晕目眩、胸闷等躯体症状，可以使用美托洛尔等药物（注意：哮喘为禁忌证）。心理治疗可以选择暴露疗法、脱敏疗法等。大多数患者通过系统的治疗可以有效控制或克服恐高症状。

（张　艳　宋学勤）

7. 为什么我会特别害怕密闭的地方

关键词

密闭空间 恐惧 幽闭恐惧症

想象一下：当你搭乘电梯时，电梯门关闭的时候，狭小的空间充满压迫感，你开始心跳加速、胸口紧绷、呼吸急促。明明电梯在正常运行，但你的身体突然发生极其猛烈的反应，让人感觉极度不适，好像被困在电梯里无法逃脱似的。甚至有的人为了避免再次经历这种恐惧，而逃避坐电梯——哪怕住在 30 楼，每天也只能走楼梯上去。虽然上述经历很痛苦，但可通过心理治疗（如暴露疗法）和放松训练有效缓解。

专家说

什么是幽闭恐惧症？

在电梯、狭小房间和隧道等封闭环境，有些人会出现强烈的焦虑、恐慌情绪，甚至伴有躯体不适，如心跳加速、呼吸急促、出汗等。个体可能意识到这种恐惧与现实情况不符，但无法自控。

为什么会产生幽闭恐惧症？

幽闭恐惧症的产生与多种因素有关。心理因素，如创伤经历会使个体对狭小空间产生强烈的恐惧感。遗传因素，有研究表明有焦虑障碍家族史的个体可能更容易出现恐惧症。认知因素，例如灾难化思维（如夸大危险）及对密闭环境的高度警觉，可能强化恐惧反应，加剧症状体验。此外，大脑中与情绪调节和恐惧反应相关的区域（如杏仁核和前额叶皮质）的异常活动也与幽闭恐惧症有关。

健康加油站

如何应对突然发生的恐惧感?

首先，通过缓慢的腹式呼吸平稳心率（吸气 4 秒→屏息 2 秒→呼气 6 秒），重复几次至心跳放缓。其次，用理性思维提醒自己：这只是暂时的感受，此刻我是安全的。再次，转移注意力，例如观察周围物品的颜色或质地，或默念熟悉的歌词、诗句。最后，若身边有人，可寻求帮助，如告知“我需要透气”。此时，尽量避免对抗恐惧感，应接纳它的存在并等待消退。日常练习正念冥想，可增强对突发情绪的掌控力。

健康术语

幽闭恐惧症

幽闭恐惧症是一种焦虑症，表现为对封闭或拥挤空间（如电梯、隧道）的强烈恐惧，常引发心悸、窒息感、出汗等生理反应，并导致回避行为，可能影响正常生活。治疗以心理治疗为主，如认知行为疗法、暴露疗法和放松训练等。症状严重时也可在医生指导下短期使用抗焦虑药。日常生活中避免过度逃避，逐步挑战可控场景，便可显著改善。

（栗晶晶　宋学勤）

8. 为什么我在**空旷**的场所特别**害怕**

关键词

焦虑　场所恐惧障碍　心理治疗

每个人都会经历害怕的时刻，有人看到蛇会害怕，有人身处高处或黑暗中会害怕，这是人遇到特定危险、困难或感受到潜在威胁时产生的一种正常情绪反应。但是，为什么我在空旷的场所时，明明没有明确的危险，也会特别害怕？这可能是因为场所恐惧障碍。

专家说

什么是场所恐惧障碍?

场所恐惧障碍是一种焦虑障碍，患者对特定场所或处境产生强烈恐惧（如公共交通工具、拥挤场所），主要担忧在出现惊恐发作或感到窘迫时难以逃离或无法及时获得帮助——尽管这些情境实际并无危险。对于青少年来说，除了空旷的操场、广场等，封闭教室，人多拥挤的学校礼堂都可能让人感到与现实不相符的恐惧。恐惧发作时往往伴有显著的自主神经症状。个体虽然知道恐惧是过分的或不合理的，但仍然回避所害怕的场所和处境，使其工作、学习和其他社会功能受限。

为什么会有场所恐惧障碍?

从心理学角度来看，场所恐惧障碍可能与个体的分离焦虑有关。在空旷的场所感到孤立无援，这种感觉可能会触发或加剧恐惧感；而恐惧会使人过度关注个人安全或担心行为失控，这不仅是一种压力，也是一种不良的心理暗示，它会让注意力指向担心与恐惧的地方。此外，场所恐惧障碍还可能与早期经历和心理阴影有关，甚至被遗传和进化的本能反应所影响。总之，在多方面因素的共同作用下，即使空旷场所本身并不危险，你的大脑也可能错误地将其视为潜在的威胁。

场所恐惧障碍需要治疗吗?

正规治疗十分必要，治疗方法主要包括心理治疗和药物治疗：认知行为疗法特别是暴露疗法，是目前心理治疗中最常用且有效的干预方式；药物治疗也可以在一定程度上起到治疗效果，例如苯二氮䓬类等药物可以缓解症状急性发作。

健康术语

暴露疗法

暴露疗法是一种认知行为疗法，旨在通过逐级暴露于引起焦虑的情境，帮助患者逐渐克服恐惧，以减少焦虑反应。这种疗法的核心是帮助患者打破回避和恐惧的恶性循环，通过新学习与旧记忆竞争来消除恐惧感。它通常包括多种类型，如现场暴露、想象暴露、虚拟现实暴露等。

（陈一绍　宋学勤）

9. 为什么我会突然产生**紧张感**且**无法控制**

关键词

失控感　自主神经

有时我们会突然出现一种紧张感，这种紧张感会引起一系列身体不舒服，比如胸闷、心慌、呼吸困难和出汗等。这种紧张感通常难以控制，甚至越想控制越紧张，越会加重身体的不适，甚至体验到失控感。这是因为过度的紧张情绪会引起植物神经也就是自主神经功能出现异常亢进，自主神经会导致我们的身体出现不可控制的不适感。

专家说

什么是植物神经?

植物神经是内脏神经纤维中的传出神经，也称自主神经、内脏运动神经；植物神经包括交感神经和副交感神经。交感神经分布于内脏、心血管和腺体，副交感神经大脑部分控制协调内脏、血管和腺体的功能，外周部分支配消化道、盆腔脏器和外生殖器。植物神经系统能够无意识地自主调节身体机能，如心率、胃肠道蠕动、呼吸速率、瞳孔反应、排尿和性冲动。

植物神经功能紊乱包括哪些症状?

植物神经系统主要控制人们的“应激”及“应急”反应。当人受到外部创伤或刺激时，或长期累积不良情绪如焦虑抑郁，就会导致植物神经功能紊乱，出现间断发作性的心慌、胸闷、呼吸困难、出汗、肌肉疼痛等症状，部分患者还可能出现胃肠功能紊乱，比如食欲差、胃胀气、反复腹泻等，还可能出现尿频、尿急和性功能障碍等。

健康加油站

平时怎么调节自己的焦虑或抑郁情绪?

青少年可以选择适合自己的运动形式进行规律运动；在学习之余，还需要找时间做一些自己感兴趣的事情，让紧绷的神经有放松的时间；可以抽时间多和同学或者好朋友说话聊天；找时间亲近大自然。青少年也可以在网上学习一些放松的方法，比如肌肉渐进性放松训练、深呼吸训练、蝴蝶拍等，定期练习可以缓解紧张焦虑情绪。正念练习也有助于缓解不良情绪，可以下载关于正念练习的 APP。如果自己已经积极尝试了一些方法还是不能有效缓解负面情绪，可以寻求专业人员的帮助，如心理咨询师或精神科医师，必要时在专业医师指导下服用药物来帮助缓解。

（杨　灿）

10. 为什么我明明身体健康，但有时会突然像马上要死了那样**难受**

关键词

濒死感　惊恐发作

人在焦虑紧张的时候，会感觉到身体很不舒服，比如胸闷、头痛、肚子痛，有时是想上厕所，大汗淋漓。但这种不舒服如果严重到出现呼吸不畅、憋闷，有濒死感，在排除存在心血管疾病等躯体疾病的情况下，要考虑严重焦虑情绪导致的急性焦虑发作，也叫惊恐发作的可能。对于有些青少年来说，在被老师、家长批评时，可能会惊恐发作，但惊恐发作最让人惊恐的是，有时候惊恐是突如其来的，而那种濒死感可能会反复出现，我们也很难预测出现的时间。

专家说

反复发生濒死感和情绪有什么关系？

长期存在负面情绪会影响中枢神经系统，中枢神经系统给出信号比如增加皮质醇激素的分泌来影响植物神经功能，导致植物神经功能紊乱。急性植物神经功能紊乱会导致突发呼吸困难、大汗淋漓、濒死感，而慢性焦虑可能使交感神经持续处于亢进状态，引起高血压、长期心率加快，还可能导致失眠、头痛、消化不良等一系列躯体症状。

心理咨询对身体不舒服有用吗?

如果排除了躯体疾病所导致的身体不舒服，就需要考虑是否存在情绪问题所导致的躯体不适感。在心理咨询过程中，咨询师可以和来访者一起探讨负面情绪的来由、成因，一起讨论如何更好地表达情绪，不让情绪积压在心里，一起寻找处理情绪的正确方法。当负面情绪得到良好的表达、宣泄和疏通时，身体不舒服的症状自然就会消失。

健康术语

惊恐发作

惊恐发作又称急性焦虑发作，是一种突发的强烈恐惧和焦虑体验，临床表现为心悸、呼吸急促、出汗、头晕等，常伴随失控感、濒死感。惊恐发作导致的躯体不适感的表现形式多样，但均表现为突然发作且快速达到高峰，随后能够逐渐缓解。躯体检查常常无法找出明确病因，但可以通过调节情绪改善症状，也可以临时服用抗焦虑药物快速缓解焦虑症状。

（杨　灿）

三

我的强迫

11. 为什么我总是控制不住想问一些“没有意义”的问题

关键词：强迫思维　强迫性怀疑

洗脸的时候，我总是控制不住地想鼻子里进脏水会得脑炎，而且觉得阿米巴脑炎就是这样得的。虽然，医生检查过我没有脑炎症状，当时在厕所里我的周围也有其他同学在，我仍会反复问其他人，我会不会因为水呛到鼻子里而死，别人怎么回答都无法缓解我的担心。反复向他人求证后，我产生了一些很难过的感受，我觉得周围人一点常识都没有，只会反复说没事，只会觉得我在捣乱，甚至觉得周围人一点都不关心我。

专家说

强迫思维有哪些表现?

强迫思维常常有以下表现。

（1）强迫性怀疑：对已经完成的事不停地怀疑或担忧，放心不下。例如，晚上上床后怀疑灯是否全都关了。

（2）强迫性回忆：经历过的事件不由自主地在患者意识中反复出现，患者虽自知无此必要，但无法自控。有时强迫性回忆和强迫性怀疑可同时出现。患者在强迫性回忆时怀疑自己回忆有错，又不得不从头想起，且回忆时不能被打断，若被打断就得从头想起，所以有时表现为发呆，因怕被人打扰而表现出烦躁、躲避人等退缩性表现。

（3）强迫性穷思竭虑：对无现实意义的问题反复思索，总是无休止地思考下去。例如：为什么有人游泳会感染阿米巴病？为什么同一游泳池其他人不患病？树叶为什么是绿色？

（4）强迫性联想：脑海中出现或听到、看到一个观念或某个字，会不由自主地联想另一个观念或字句。例如，听到“强”字就想到“强奸”。

（5）强迫意向：患者反复体验要做某种违背自己意愿的动作或行为的强烈内心冲动。例如，站在很高的地方时，明明很害怕掉下去，脑海中却总有一种想往下跳的内心冲动，尽管自己根本不会付诸行动，但想要跳下去的想法在脑海中挥之不去，让人感觉到不安和恐惧。

（6）强迫性担心：表现为对某些事物的担心或厌恶，明知不必要或不合理，自己却无法摆脱。例如，担心自己在试卷上写错字，担心自己说错话，担心自己受到有毒物质的污染或细菌的侵袭等。

强迫思维会产生哪些危害？

强迫思维会导致患者出现焦虑、抑郁情绪，患者常常感到烦恼自责，也常常感到不被他人理解。导致他们不愿意与人交往，影响他们的人际关系和社交能力，强迫思维会影响患者的注意力，导致学习效率下降。有时会产生拖延和逃避行为，影响生活和学习。

健康术语

强迫思维

强迫思维是指反复进入头脑中的不需要的或闯入性的想法、怀疑、表象或冲动。患者想要制止，却又无能为力，因此它的出现令人痛苦、矛盾和焦虑不安，经常令人不快，患者也想加以抵制，但仍将其认作是自己的思想。

（王晨阳）

关键词

强迫行为 反复洗手

12. 为什么我总觉得手没洗干净而反复洗手

我会控制不住地去洗手，洗手时还得按照一套程序完成，比如拧开水龙头之前得数“123”，节奏感得对。水龙头出水量得正常，如果不正常还得重新开始，洗手时得按七步洗手法进行，手必须洗得泛红才算洗干净。要不然就感觉烦躁难受，洗完才会感到舒服和短暂解脱，爸妈一看我洗手就紧张，因为他们说我洗一次手至少半小时，我很生气他们经常夸大我洗手的时间，但我知道我出了问题。我还会不停地去检查思考自己已经完成的事情，时常感觉不安，担心自己会出错，控制不住想去挪动物品到“正确”的位置。有时感觉走路时没先迈左脚，到达目的地时不是右脚结束，就得重新折返，重新走一遍，如果第二遍时路面有条缝没避开，还得重新回头再走一遍。在超市买饮料时需要观察饮料瓶的摆放，留意图标是否对着恰好的位置，只有对着的位置恰好的饮料才能买。家里的车必须停在某一位置才感觉可以，要不然就担心有意外发生。好累……真的好累……

专家说

强迫行为有哪些?

常见的强迫行为如下。

（1）强迫洗涤：包括清洗和清洁，反复洗手、洗澡、刷牙、过分打扫，例如拍打床单至阳光下看不见扬尘。耗费时间长，家人制止也无济于事。

（2）强迫检查：反复检查门窗、电器等是否关闭或关闭好，以确保安全。反复确认自己没有也不会伤害到他人，为此影响了正常的学习生活。

（3）强迫计数：对数字产生强迫性的关注，如走路时数步数或者反复数数。患者在计数过程中如果发现漏记则会重新计数。有时会反复不断地数楼梯。明知浪费了很多时间，但无法控制自己。

（4）强迫仪式行为：必须按照仪式的程序操作，这套仪式常常是复杂的，有固定格式的行为组合。例如，洗脸时需先拍左脸一下，再拍右脸一下，再拍额头一下，然后用毛巾顺时针擦脸。

（5）强迫询问：反复询问他人给予解释或保证，如：患者提问“我这样做没问题吧？”，对方必须回答“没问题的”，如回答“可以”“行”“没问题”，患者会再次询问。

（6）强迫要求对称：东西必须要整齐摆放，碰东西左侧一下，必须用同样力量碰右侧一下。手机里的图标必须整齐排列，APP 必须按颜色大小排。

强迫行为会产生哪些危害？

强迫行为可以帮助患者回避自己不愿面对的情绪体验，并获得暂时的解脱，例如反复洗手可以短暂消除病毒污染恐惧。反复检查，反复询问，可以缓解不确定性恐惧。但通过强迫行为来回避焦虑情绪的做法，常常会让人更不愿意用其他方式来处理情绪。通过强迫行为来处理情绪可能会带来继发的负面情绪，令患者感到焦虑和抑郁，使患者陷入尴尬和自责的境地，会导致患者与家人朋友之间的摩擦和误解。

健康术语

强迫行为

强迫行为是患者为了缓解强迫思维带来的焦虑而采取的一种行为。这些行为通常是重复刻板和无意义的，患者明知没有必要，但无法控制自己不去做。

（王晨阳）

13. 为什么我做事总是**追求完美**，否则就会觉得不舒服

关键词

完美主义 自我批评

自小到大我都被教育做事精益求精，尽善尽美。但我现在很苦恼，我在做事之前为了把事情做得满意，会迟迟不行动，会花费很多时间研究，在研究做事过程中不能容忍任何微小的瑕疵。语文考试时有一个空不会填，但我记得好像以前看过，于是我拼命回想，不知不觉花了半小时，弄得最后来不及做完试卷。数学考试时有一道题我解了出来，但觉得方法不够巧妙，于是我花了很多时间想其他解法，共想出三种，决定哪一种写在试卷上又思考了半天。我也知道追求完美主义会因小失大，会使人陷入困境，导致压力过大、焦虑、心情低落，但不这么做，我就觉得不舒服。追求完美的结果，例如成绩优异、多才多艺、落落大方、情商智商双双在线，有时能激励我付出更多努力。但这种标准过高，又会让我很有挫败感。

专家说

什么是完美主义性格?

完美主义者表现为追求细节，对不完美的事物感到不舒服，对自己和他人设定高标准，容易陷入自我挫败、自我指责。有一种强迫性需要，只接受正确的事情，一旦发现微小错误就会重新返工，不能妥协，

在苛求细节中体验优越感，行事谨慎刻板，过分在意别人评价。他们经常觉得，只要自己尽力去做，就一定能把每件事做到最好、最完美。因为标准太高，自己常常做不到，所以有时会回避。做事、做决定时犹豫不决，害怕做出错误的决定。他们内心压力是非常大的，一项任务，例如考试、出门、见人等等，都会让他们如临大敌，过度用力。他们害怕结果不佳，很难轻松应对。

追求完美主义是病吗？

正如前面提到的完美主义者可能能够得到较高的成就，但同时常会产生较大压力，导致过度劳累，有时会产生回避行为。所以，我们要看到追求完美带来的好处，也要看到过度追求完美主义带来的负面影响。有的青少年与人交往时，有时也会苛求对方达到完美，因此影响人际关系。还有的人因为达不到标准而过度自我批评，产生焦虑情绪。对于完美主义者来说，他人的批评是一种极大的痛苦。因为他们已经饱受自责的折磨。他们很难说出赞许或恭维他人的话，因为在与他人比较中，他们总能感到自身的渺小。完美主义者做事仔细检查，反复考虑，有时会导致拖延和中途放弃。甚至可能罹患强迫症、进食障碍、焦虑和抑郁等情绪障碍。

健康加油站

给过度追求完美主义的孩子的小贴士

（1）完美主义者要学会在追求完美与追求完成之间达到平衡，先完成再完美。要认识到完美是锦上添花，完成就可以。要明白完美是理想状态，现实生活是不完美的。

（2）要进行练习，当觉察到自己在追求完美时停下来，允许不完美的事物存在，设定实际可行的目标，认识到没有人是完美的，都可以改进。

（3）练习正念，正念冥想可以帮助专注于当下，减少对完美的执着。

（4）培养弹性，学会适应变化和挑战。

（5）可以用暴露疗法来减少完美主义行为。

（6）增加对待自己和他人的态度上的包容度。

（7）从要被人们视为完美和认为自己要拥有最好的形象中解脱出来。

（8）增强自尊水平，通过积累生活中的小成就，有效提升自信，从而强化自尊。

（9）不过度准备，轻装上阵，先完成再改进，先行动起来。

（10）专注享受做事的过程，专注于对努力的嘉奖。

（王晨阳）

14. 为什么会得**强迫症**

关键词：强迫症　追求完美

强迫症是以强迫思维和强迫行为为主要症状的，伴有焦虑情绪和适应困难的一种精神心理障碍。强迫行为常常是为了缓解强迫思维所引起的焦虑，强迫思维和强迫行为会给患者带来烦恼，浪费时间或干扰正常的生活学习功能。

强迫症最早在 17 世纪已有描述，当时这些强迫症患者被认为是被外力“附身”，以后还被归类为“偏执狂”，也曾被视为神经衰弱。直到 20 世纪时，强迫症才成为独立的诊断。最近的临床研究进展使人们认识到强迫症是造成儿童和青少年心理痛苦的常见原因之一。强迫症从初发到明确诊断要经过很多年，早期症状并不典型，强迫动作有时会在强迫思维之前出现。那么人为什么会得强迫症？强迫症又该如何治疗呢？

专家说

强迫症是一种复杂的精神疾病，其发病原因涉及多个方面，包括遗传因素、神经生化因素、社会心理因素等。儿童青少年的病因学研究相对较少，来自双生子和家族的研究表明，遗传因素解释了 45%~65% 儿童强迫症的发生。

（1）遗传因素：研究发现，强迫症可能跟遗传有关。比如，如果家里有人得了强迫症，那么他的直系亲属（比如父母、兄弟姐妹、子女）得这种病的概率就会比普通人高很多。

（2）神经生化因素：我们的大脑里有很多传递信号的“小信使”，叫作神经递质。强迫症患者的大脑里，这些“小信使”可能出了问题。比如，多巴胺和血清素这两种重要的神经递质，它们的平衡被打破，可能会引发强迫症。还有一些研究发现，身体里的免疫反应也可能和强迫症有关。就好像身体的“防御系统”出了点小故障，不小心影响了大脑的正常工作。

（3）神经影像学：脑影像学研究发现强迫症患者的大脑结构和普通人不一样。特别是大脑中的一个重要的“神经回路”——眶额-基底神经节回路，这里好像出了点问题。就像一条重要的“交通线路”堵住了，导致大脑中的信息传递不顺畅，引发了强迫症状。

（4）神经电生理学：强迫症患者的大脑还在发出一些“异常信号”。比如，大脑内侧前额叶这个区域会过度“兴奋”，干扰了大脑的正常工作。另外，一种叫作“错误相关负波”的信号幅度也会增大，这也可能是强迫症的一个“信号标志”。

（5）家庭和环境因素：家庭是强迫症病因中重要的非遗传因素。研究报道，强迫症患者的父母具有严厉、过度卷入、缺乏温暖，对孩子期望值高等特点。父母的一些特质如过分完美主义，过分考虑清洁度和细节等都被认为与早发型的强迫症相关。家庭养育过程中有3点会增加罹患强迫症风险。①责任夸大，并养成对负性结果负责的习惯。②高度威胁感，家庭环境中存在高度的焦虑，在这样的环境中，儿童青少年对世界的知觉也是具有威胁性的或者危险的。③某些严格的道德规范，可能会导致儿童青少年产生强烈的责任感和自罪感，从而变得非常害怕责骂和惩罚。环境中过度的压力也可能触发或加重强迫症状。

（6）**性格特点**：过分追求完美，犹豫不决，人际关系不佳，情绪不稳，敏感。

健康加油站

如果强迫症状持续不止，我该如何治疗？

早发现，早治疗！

怀疑自己或家人患有强迫症，要积极就医

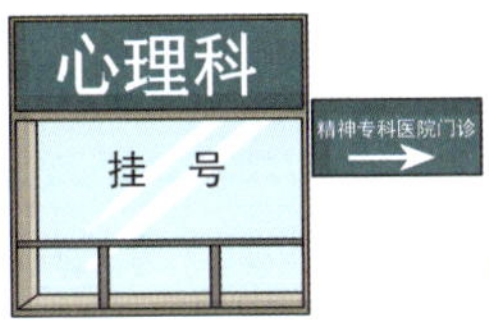

可挂综合医院心理科或精神专科医院门诊号

让医生进行专业评估

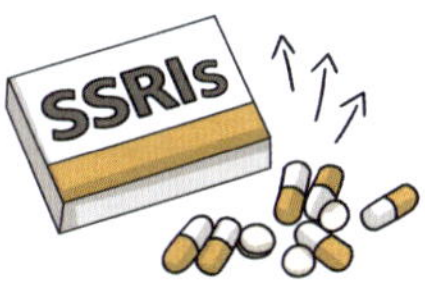

强迫症一线药物治疗是选择性5-羟色胺再摄取抑制剂（SSRIs）

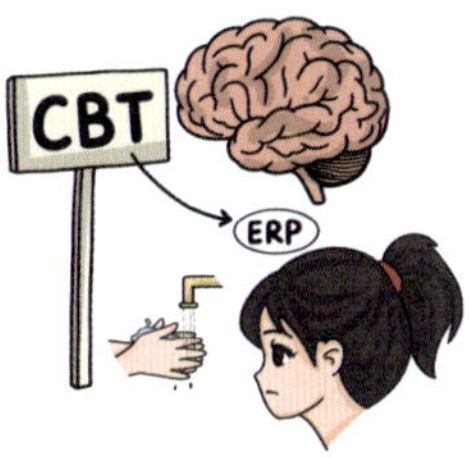

一线心理治疗是认知行为疗法（CBT），尤其是暴露与反应预防（ERP）

在医生指导下接受治疗，缓解症状、提高生活质量

（王晨阳　范　青）

15. 多年来**强迫症状**“如影随形”，为何自行缓解遥不可及

关键词

强迫思维　强迫行为　负强化

患者自述：“我叫小刚（化名），20 岁，正在治疗强迫症。初中起，我反复读课本中的句子，怕理解不透或遗漏细节。高中时，这习惯从学习蔓延到生活，出门反复检查门窗，走路总回头检查，路过垃圾桶也胡思乱想。这些操作让我精疲力尽，导致高考失利。看了一些健康科普后，才明白自己得了强迫症，希望通过规范治疗，恢复正常生活。”

专家说

强迫症状是怎样持续存在的?

正如开头小刚的案例所示，强迫症在未经治疗的情况下，其症状极有可能持续多年，无法自行缓解。这一现象与生物因素和心理因素的共同作用密切相关。

在前文中我们已经探讨过生物因素的影响。此处，我们将展开聊聊心理因素的影响，即强迫思维与强迫行为之间的恶性循环。

从心理学角度来说，执行强迫行为会反过来加重强迫思维，这一负强化就是强迫症状难以自行缓解的

关键所在。强迫症患者常常被脑袋里的强迫思维弄得特别焦虑、浑身难受，为了能让自己好受点，就忍不住做出一些强迫行为。比如小刚就是这样。

小刚因强迫思维，担心没理解课本导致考试失利

他采取“反复阅读”的强迫行为缓解焦虑

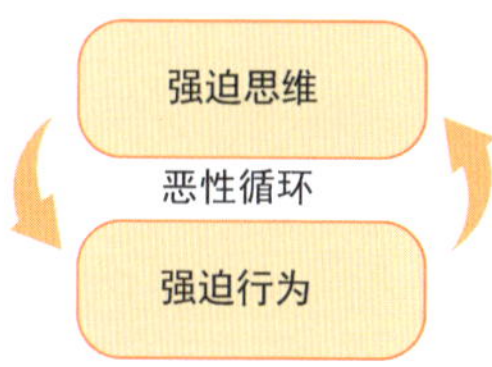

小刚越发依赖强迫行为，缺乏健康的应对机制。强迫思维与行为恶性循环，症状持续加重

高中学业重，反复阅读让小刚疲惫不堪，但他却不敢不做

强迫症状导致无法专心学习，高考失利

（范　青）

四

我的抑郁

16. 为什么我的身体不舒服，但医生却说我得了抑郁症

关键词

身体不适　疼痛　抑郁症

“最近，我总觉得身体怪怪的。有时肚子疼、胸口闷，还总觉得累。父母带我看了医生。可是检查后，说我身体没病，可能是得了抑郁症。可我只是身体不舒服呀，怎么会得抑郁症呢？”

当青少年抱怨身体不适时，家长的第一反应通常是带孩子去看儿科医生，排查感冒、胃肠炎或其他常见身体疾病。然而，有时候，孩子的身体不适可能并不是单纯的器官问题，而是心理健康出现问题的一种表现，其中，青少年抑郁症需要家长特别留意孩子的情况。

专家说

青少年抑郁症的身体信号

在青少年群体中，抑郁症不仅表现为主观体验到情绪低落或兴趣下降，还会表现为各种“身体不适”，易被误认为身体有问题。几种常见的抑郁症的“躯体症状”表现如下。

（1）睡眠问题：包括难以入睡、睡得浅、梦多、早醒、睡得过多。

（2）食欲和体重的变化：抑郁情绪会影响食欲，导致食欲下降、体重下降、暴饮暴食、体重迅速增加等。

（3）胸闷和心悸：症状包括胸口“闷”，感到心跳很快、不规律，容易误认为有心脏问题。

（4）胃肠道不适：可表现为腹痛、恶心、呕吐或腹泻等。这些症状往往没有明显的生理原因。

（5）慢性疼痛：包括头疼、背疼或四肢痛，但即便检查不出问题，这些症状也可能长期存在。

（6）持续的疲惫感：即使休息充分，仍感到没有精力，或玩耍和学习动力都变少了。

为什么抑郁症会导致这些症状？

青少年抑郁症的身体症状来源于心理和生理的相互作用。长时间的负面情绪会引起孩子体内神经递质（如血清素和多巴胺）的失衡，进而影响自主神经和内分泌系统的功能。这些变化会转化为躯体的疼痛、疲劳或消化系统问题等躯体化症状。

健康加油站

青少年抑郁症的身体信号

青少年失眠，表现为显著的入睡困难或中途反复醒来

青少年体重异常下降或增加，食欲下降或暴饮暴食

青少年慢性疼痛，表现为浑身疼痛

青少年持续的疲惫感，表现为做事情时没有精力，非常疲劳，难以解乏

（高雪屏　王雨欣）

关键词：叛逆期　抑郁症

17. 为什么我的家人**不相信**我得了**抑郁症**

“是叛逆期到了，过了这段时间就好了。”“说到底，还是太脆弱了！”每次我说自己抑郁了，父母总这样说。我很想告诉他们我的

感受，可每次说出来，他们都不相信。我的痛苦好像没人懂。

多数情况下，青少年会隐约觉察到的“偶尔心情不好”跟持续存在的抑郁症状有本质差别。“叛逆”可能会导致一时不开心，但不久就会恢复平静。而持续存在的“挥之不去”的抑郁情绪则给青少年带来持续痛苦和困惑。他们可能受认知水平的局限、独立意识的增强或家庭关系沟通不畅等的影响，不会主动向家长正向地描述自己的情绪状态，常以发脾气或冲动行为表达情绪，易被家长误解为“叛逆”或“成长中的小问题”。

专家说

为什么让家长认识到青少年得了抑郁症这么难？

可能有以下几方面因素。

（1）抑郁症状“隐匿”而不易被察觉：抑郁症不像躯体疾病那样有明显的主观体验和身体体征，青少年可能无法准确表达自己的感受。

（2）家庭成员对心理问题的偏见：在一些家庭中，心理问题被认为是敏感话题。有些家长认为抑郁症不是病，而是孩子“心理脆弱”或“不自信”的表现。这种观念让家长对青少年的心理困扰缺乏主动识别的敏锐度。

（3）青少年难以表达情感：一些青少年在情感表达上存在困难，难以清晰地表达自己内心的痛苦。这使得家长认为孩子只是暂时的“心情不好”或“太敏感”，无法知晓其所承受的深层痛苦。

（4）家长缺乏对抑郁症的认识：青少年抑郁症表现通常较为隐匿。例如，孩子可表现为成绩下降、注意力不集中、沉迷游戏等，这些都可能被忽视或误解。

（5）对治疗有疑虑：即便家人认可孩子得了抑郁症，也可能因对治疗缺乏了解而犹豫不决，甚至拒绝专业治疗。

（6）家庭环境的影响：家庭成员的心理健康状况也会影响对疾病的认知。例如，父母因自身情绪压力而无法关注孩子的情绪变化，甚至将抑郁症状视为“无关紧要”。

健康加油站

家长如何识别孩子的抑郁症“信号”？

孩子连续数周表现出以下“信号”，应警惕抑郁症：①闷闷不乐、郁郁寡欢、哭泣；②言语消极，自卑、自责、自罪；③话少、兴趣减少、“懒”、活动少、动作慢；④身体不适；⑤饮食问题，睡眠问题（上课打瞌睡）；⑥自伤、自杀；⑦焦虑、易发脾气、攻击、冲动；⑧“学校恐惧”“沉迷网络”；⑨学业、社交等功能受损。

（高雪屏　王雨欣）

18. 为什么好的事情也不能让我**开心**起来

关键词：情绪低落　兴趣下降　抑郁症

有时候，明明遇到值得高兴的事情，我却表现得无动于衷，甚至感到内心空虚，开心不起来。我到底怎么了？是不是得了抑郁症？

专家说

为什么青少年长期感觉不开心要警惕抑郁症？

一般而言，我们青少年的大脑处于不断发育中，对事物的理解由感性逐渐趋于理性，开心的事较容易引起他们的情感共鸣，表现为随之而来的短暂的开心情绪，随后情绪恢复平常状态。但是，当青少年处于抑郁状态时，受抑郁情绪的影响，其大脑的奖励系统（尤其是前额叶和大脑中负责情绪调节的区域）常常表现出较低的活跃度，使得青少年即使遇到正面积极的事情（如喜欢的游戏活动、聚会）时，内心也难以产生愉悦之感，甚至感到“很无聊”“很无趣”。青少年往往能感知这种情绪上的变化，不明白为什么自己会有这种反应，并感到自己无法掌控这种情感上的变化，感到迷茫和困惑。

如果这种不开心持续时间很短暂，在两周以内，通过转移注意力或在大人的帮助下逐步恢复了正常，可以体验正常的喜怒哀乐等情绪，则属于正常心理，青少年不必烦恼。但是，如果这种不开心持续两周甚至更长时间，同时青少年可能出现低自尊心理或兴趣下降，甚至出现不良行为（如拒绝上学、伤害自己等），则要警惕早期抑郁症的可能，应尽快到专科医院就诊，早诊断、早治疗。

健康加油站

家长如何帮助孩子走出情绪低谷？

首先，家长要多与孩子沟通，了解其内心困惑和痛苦，让孩子感到被理解。家长可以鼓励孩子参与一些他们曾经喜欢的活动，如运动、绘画或社交游戏，逐渐帮助他们找回生活的乐趣。

其次，要帮助孩子识别负面情绪，并学会调整思维方式，建立积极正面的思维模式。为孩子创造支持性的家庭环境，帮助孩子建立积极的生活习惯和应对压力的技巧。通过这种家庭调整，许多孩子能够成功走出阴影，重新享受生活中的美好时光。

最后，如果青少年被诊断为抑郁症，孩子和家长都不要紧张或恐慌，相信通过科学合理的治疗和干预，可以让孩子回归正常健康的状态。通常而言，青少年抑郁症的治疗采取综合模式，包括心理治疗和药物治疗。药物治疗有时很必要，通常在专业医生指导下进行。

（高雪屏　魏晶晶）

19. 为什么抑郁症需要及时治疗

关键词

抑郁症 早期治疗 情绪管理

“医生说我得了抑郁症，需要及时治疗。可是，家人认为这个病不太重，因为我现在还能勉强上学，没必要那么早去治疗。可我总是不开心，上课也不专心，作业完成也很困难，我该怎么办？”

青少年抑郁症往往表现隐匿，悄悄出现。当青少年出现明显的抑郁症状时，往往陷入疾病困境已久。也许青少年或家长都认为这种抑郁情绪是暂时的，过一阵子就“自行好转”。然而，抑郁症影响的不仅仅是青少年的情绪状态，更可能影响到学习和人际关系，甚至身心发展。因此，及早治疗抑郁症非常重要。

专家说

青少年抑郁症未及时治疗，可能会给青少年的身心健康带来长期的负面影响。首先，抑郁症可影响孩子的大脑发育，特别是在情绪调节、决策和自我控制的相关区域。研究发现，抑郁症不仅会导致孩子情绪低落，还可能影响他们的学习能力和社会适应能力。长时间未治疗的抑郁症可能导致学业成绩下降、社交关系疏远，甚至出现自杀等极端行为，严重影响身心健康。早期干预可以帮助青少年尽快恢复正常的情绪，避免疾病对其生活和发展的长期影响。特别在儿童青少年时期，大脑的可塑性较强，治疗的效果也会更好，及时治疗能帮助孩子走出情绪困境，重新建立自信和积极的生活态度。

因此，家长应该密切关注孩子的情绪变化，在发现抑郁症的早期迹象时，及时寻求专业帮助，以确保孩子能够健康成长。

健康加油站

早期治疗抑郁症的好处

抑郁症的治疗是一个系统过程，包括心理治疗、药物治疗和物理治疗。研究表明，早期、及时治疗青少年抑郁症，抑郁症状可以得到及时控制，能够防止抑郁症状恶化，显著提高孩子的社交能力和学业成绩，有助于建立更健康的情绪管理方式，从而改善疾病的整体预后。

此外，治疗过程离不开家长持续的支持和关爱。家长要理解抑郁症这个疾病不是孩子的个性弱点，而是一种需要专业治疗的心理疾病，要给予孩子更多的理解、关爱和鼓励。

家长应带孩子到儿童精神科门诊及时就诊，遵从医嘱，接受正规的治疗，使孩子尽早回归到正常的成长轨道上，重新享受幸福和充实的生活。

（高雪屏　魏晶晶）

20. 为什么抑郁的我会突然**失去胃口**或者**暴饮暴食**

关键词

抑郁症　食欲紊乱

很多家长反映“孩子确诊抑郁症之后就不想吃饭了，到了饭点吃饭也不主动，对食物不感兴趣，家长变着花样给孩子做也是吃两口就不吃了，体重蹭蹭地往下降”。也有家长反映“孩子抑郁之后，吃饭变多了，饭量是之前的两倍还多，还经常吃很多的零食，体重蹭蹭地上涨”。所以，很多家长会产生疑问：抑郁症不是情绪疾病吗，怎么会影响孩子饮食呢？其实，抑郁症不仅表现在情绪方面，抑郁症的临床表现分为核心症状群、心理症状群和躯体症状群三个方面，其中食欲紊乱是临床躯体症群中的常见表现。

专家说

为什么抑郁症青少年会出现食欲紊乱？

抑郁症青少年患者的食欲紊乱与其生理因素以及心理因素均有密切关系。生理方面，食欲紊乱可能跟胃肠道内 5- 羟色胺的神经递质功能紊乱有关，较为严重的甚至会丧失进食的欲望，体重明显下降，成长中的孩子可能无法达到预期的体重增长目标。心理方面，一些孩子会发生情绪性进食行为，这些孩子会选择进食大量高脂、高热量的食品，体会食物带来的愉悦感，甚至是兴奋感，在感受到这种巨大的情绪冲击后，可能很快就建立病理性条件反射，这是一种病理性正性情绪体验，即想到吃食物就开心，并且只有不断地进食才能维持这种开心，从而加剧暴饮暴食的行为。所以，在青少年群体中，抑郁症合并进食障碍并不罕见。

如何帮助抑郁症青少年调节饮食?

首先建立良好的饮食习惯。

（1）设定固定吃饭时间。鼓励孩子在规定的时间内完成进食，同时根据其年龄和能量需求，合理控制食量，避免暴饮暴食。

（2）教授基本的营养知识。让孩子了解食物的对身体的作用，这有助于孩子做出更健康的食物选择。

（3）限制加工食品和糖类饮料的摄入。这些食物易导致肥胖和其他健康问题。

（4）定期检查孩子的饮食习惯和身体状况。根据孩子的年龄和能量需求进行调整，如出现营养不良或过度肥胖等情况，及时寻求专业医生的帮助。

其次，做好食物内容选择。抑郁症青少年的饮食，要多注意蛋白质与钙质的摄取，适度补充维生素；少喝刺激性的浓茶、咖啡等饮品，多饮水；适当补充益生菌，有助于缓解抑郁情绪。

设定固定吃饭时间　教授基本的营养知识　限制加工食品和糖类饮料的摄入　定期检查孩子的饮食习惯和身体状况

暴食障碍

暴食障碍是一种进食障碍，其特征是无法自控地进食异常大量的食物，但进食期间和之后并无减轻体重的行为。暴食后不会产生弥补行为——例如去除身体内过多的食物。这种紊乱的进食行为可导致患者胃肠道疾病、高血压、肥胖、代谢和内分泌紊乱等躯体问题，其共病常包括情绪障碍、物质使用障碍等多种精神障碍，给孩子及家庭带来巨大痛苦。

（史文佳）

21. 为什么我会感到**无助**和**绝望**

关键词：习得性无助　不合理信念　归因模式

“你有没有某一刻特别想要放弃？感觉对所有的事情都无能为力？我曾有一段时间就这样处于深深的无助与绝望中”这是一位曾与抑郁抗争的朋友对自己过去感受的描述。其实这不是抑郁症的专属感受，许多人也曾有过这样类似的体验。当下属遇到一个强硬的领导，当学生不断努力但成绩没有提升，都有可能会产生无助感，长时间处在这种无助的感觉中，会使人产生很多消极的想法，进而对自己甚至对世界产生很多负面认知，最终陷入无能为力且深深的绝望之中。实际上，无助和绝望只是一种感受，产生这种感受与一个人的思维方式和归因方式有关。要想避免这种感受的发生，需要从思考问题的方式上下功夫。

专家说

无助感和绝望感是什么？

心理学中有一个名词叫“习得性无助”，是指我们在反复遭遇无法控制或避免的不良情景后，形成了一种消极的认知态度，认为自己无法通过自身努力改变不良情况或结果。此时，即使环境发生变化，情况可被改变，个体也往往会持续保持无助的行为模式。也就是说，我们的行为并不总是由其所处环境的当下状态决定，而是受到过去经验影响的结果。因此，无助感和绝望感就是习得性无助的一种情感体验。

健康术语

认知归因模式

认知归因模式是指个体在面对事件或行为结果时，通过知觉、思维、推断等来确定导致该结果的原因的过程。事件的原因可以分为两类：内因（如情绪、态度、能力等）和外因（如情境、环境、机遇等）。习得性无助时，我们往往会将失败归因于内因，而把成功归因于外因。例如，我们可能会认为学习失败是因为自己无能、学不会；而把学习进步归于这次运气好、题目太简单。由于这种对于失败的归因模式具有内在、稳定的特点，不利于自我发挥自己的能力改变现状，因此它会进一步强化我们的无助感和绝望情绪。

（韩警山）

22. 为什么我觉得**伤害自己**之后情绪就得到了**释放**

小莉，15 岁的高中生，近几个月来她发现自己越来越难以应对学业压力和与家人紧张的关系。每当夜深人静，想起父母对自己学习压力的不理解以及对成绩下降的指责，就感到一股无法言说的压抑和烦躁涌上心头。某次与母亲争吵后，她情绪崩溃，无意间用铅笔刀划伤了手臂，那一刻她发现自己内心的痛苦似乎减轻了一些，取而代之的是一种短暂的“释然”。随后的日子里，每当情绪低落到极点，她就会不自觉地重复这种行为，尽管知道这样不健康，但难以抗拒短暂的“解脱”感。

如案例中的小莉一样，我们在面对情感困扰、巨大压力或情绪低落时，一些人可能会不自觉地做出自我伤害的行为。虽然这种行为可能带来短暂的“释然”或“解脱”感，但长远来看，自我伤害不仅不能治愈内心的痛苦，反而可能加剧情绪问题。这与我们大脑处理痛苦和情绪的机制密切相关。

专家说

自伤行为背后的心理机制是什么?

自伤往往是一种深层心理问题的外在表现，它可能源于内心痛苦、对自我价值的贬低，是一种应对压力的极端方式。当你感到情感上孤立无援，无法通过正常渠道表达或处理时，就可能自伤来释放负面情绪。这其实是一种试图控制或逃避内心痛苦的心理机制，但它并不能真正解决问题，反而会加剧你内心的混乱和自责。

“自我伤害”为什么会让人觉得好受一点?

心理上来说，当情绪过于压抑时，身体的疼痛反而可能转移我们的注意力，让我们暂时忘记内心的痛苦。就像当我们极度疲倦时，身体的疲劳感能让我们暂时专注于“休息”，可以暂时忽略了情绪上的困扰。然而，这种短暂的“逃避”并不能真正减轻内心的负担，反而可能让我们陷入更深的自我否定和孤独之中。此外，在生理层面上，自伤引发的皮肤损伤会促使身体快速释放“内源性阿片类物质”，如β- 内啡肽和脑啡肽，这一类物质被认为是“天然止痛药”，它们会让你的大脑产生欣快感与满足感，因此可能感觉不到疼痛。

青少年为什么会选择“自我伤害”来缓解情绪？

青少年时期是心智化发育的关键阶段，但此时青少年的心智化水平往往尚未发育成熟。在面对情感困扰和负面情绪时，他们通常难以有效地理解和调节自己的情绪状态。在压力或情感困扰下，便会尝试各种方式来调节自己的情绪，自我伤害便是其中一种。这是因为自我伤害能够暂时地转移注意力，有助于减轻内心的痛苦和焦虑感。

健康术语

内啡肽

内啡肽是一种由我们身体自然产生的“内源性镇痛物质”，它主要作用于大脑和神经系统，有助于缓解痛苦、减轻压力，带来舒适和愉悦。它像“天然的止痛药”，在我们遇到疼痛、压力或情绪低落时释放出来，帮助我们应对困难的情境，缓解负面感受。此外，内啡肽还能给人带来愉悦感，比如，当我们跑步时可能会感到一种“愉快的疲劳”——由于内啡肽的释放，人体会在运动后感到放松和满足。

（况　利　江文庆）

23. 我的心情总是在**晚上**才会好一点，为什么

关键词：昼夜节律　情绪变化　生物钟

小杰，13 岁，初一新生。面对骤然增加的学业负担和全新的生活环境，他感到前所未有的焦虑。但奇怪的是，每当夜幕降临，他的心情便会有所好转，仿佛夜晚有某种魔力，能暂时驱散他的烦恼……有些人发现自己像是一只夜行猫，白天无精打采，情绪低落，而一到晚上就仿佛被点了启动按钮，心情变得愉悦起来。这种昼夜间的情绪变化，其实与我们的昼夜节律，也就是“生物钟”有着密切的关系。昼夜节律是我们身体内部的一个时间管理系统，它调控着我们的睡眠、饮食、体温、情绪等多方面的生理活动。当这个系统出现紊乱，或者我们的生活习惯与昼夜节律不相符时，就可能导致情绪在不同时间段出现波动。

专家说

昼夜节律如何影响情绪?

昼夜节律通过影响我们体内的激素分泌来调控情绪。比如，晚上身体开始分泌更多的褪黑素，这种激素有助于我们放松身心，进入睡眠状态，同时也可能带来一种宁静和愉悦的感觉。而白天皮质醇等应激激素的分泌增加，帮助我们应对日常的挑战和压力，但也会导致情绪紧张或焦虑。

如何调整昼夜节律，改善情绪?

要调整昼夜节律，首先需要保持规律的作息时间，每天尽量在同一时间上床睡觉和起床。其次，增加白

天的光照暴露，尤其是自然光，有助于强化昼夜的对比，让身体更清晰地识别白天和黑夜。此外，适当的运动也能帮助调整昼夜节律，提高夜间的睡眠质量。最后，避免晚上过度使用电子设备，因为屏幕发出的蓝光会抑制褪黑素的分泌，不仅影响睡眠的时长和质量，也影响夜间情绪的稳定。

白天压力大，容易焦虑；夜晚褪黑素增加，让人更放松。

（况　利）

关键词：抑郁症　诱发因素　快乐激素

24. 为什么抑郁的人会是**我**

有人会问，为什么别人每天都是开心快乐，积极向上，充满激情和活力的，而你却对什么都提不起兴趣，浑身无力不想动，动不动发脾气，甚至觉得活着没有意思，想要伤害自己？其实，这可能是抑郁症的表现。也有人会纳闷：我年纪小，也没有经历什么事情，怎么无缘无故就抑郁了呢？实际上，抑郁症离我们并不遥远。根据《心理健康蓝皮书（2022 版）》调查数据，我国国民抑郁风险总检出率为 10.6%；抑郁成因复杂多样，包括生理、社会环境因素和心理因素等，均可成为抑郁症的潜在诱因。而且抑郁症的发病年龄跨度广泛，下至学龄儿童上至耄耋老人都有可能成为抑郁症的患者。因此，无论自己还是身边的亲友，患上抑郁症都不是一件可怕的事情。通过积极干预和治疗，就能够尽快走出抑郁的阴霾。

抑郁症的诱发因素有哪些？

目前来看，抑郁症并无明确的诱发因素，但研究显示，抑郁的发生是社会、心理和生物因素综合作用的结果。在生活中经历过不良事件（考试失败、人际冲突、创伤事件）的人更容易患抑郁症，抑郁症反过来可以导致更大的压力和功能障碍，影响生活并加剧抑郁症状。

为什么青少年会得抑郁症？

首先，青少年的抑郁往往与生活事件相关。由于青少年年龄阶段的特殊性，我们需面对学习压力、人际关系或家庭关系等诸多问题，然而问题的复杂性与我们处理问题的能力并不能完全匹配，在处理问题过程中产生的自我怀疑、孤独感、无助感、不被爱等，使得我们更易陷入情绪困境；其次，从生理层面来说，我们的身体和大脑都在经历巨大的变化，激素水平的波动可能导致情绪不稳定，可能会突然感到悲伤、愤怒或焦虑，却又难以准确表达和控制这些情绪；再者，社会环境的影响也不可小觑，如今的社会信息爆炸，我们有机会接触到各种复杂的信息，其中不乏负面内容，这些可能会让我们对世界产生错误的认知，加重心理负担。多种因素混杂在一起，更易引发抑郁。

健康加油站

为什么运动能改善抑郁？

运动是调整抑郁情绪的行为处方，在繁重的课业之外解放和放松自己的身体，通过运动促进“快乐激素”的分泌，可以调整我们的情绪水平。运动产生的快乐激素其实是指内啡肽和多巴胺。在高强度运动时，身体会感受到压力和疼痛，脑垂体和下丘脑会分泌内啡肽来缓解这些不适，而内啡肽可以与脑中的阿片受体结合，产生类似于吗啡的镇痛效果，同时带来愉悦感和幸福感。在有氧运动时，中枢神经系统中分泌多巴胺，通过神经递质的方式调节情绪和动机，增强人的愉悦感和满足感，帮助我们保持积极的心态和动力。

（韩警山）

五

我的躁狂

25. 为什么我感觉自己**无所不能**，医生却说我是**躁狂发作**

关键词：自我评价　躁狂发作

在生活中，我们有时会遇到一些人，他们情绪高涨、精力充沛、自我评价过高，他们可能觉得自己在人群中很特别，但是这种想法往往与现实不符。这种症状比较轻的时候，不易被察觉，有时患者本人甚至会评估为自己抑郁症状好转，但是往往会被熟悉患者的家人发现某些异常而就诊。其实，这种自我评价过高可能是躁狂发作的表现。躁狂发作主要以情绪高涨、言语增多、精力充沛为主要表现，也会表现出情绪易激惹等症状，因为一点小事就大发雷霆，甚至出现自伤、自杀等高风险行为，须及时就医。

专家说

什么是躁狂发作?

躁狂发作是双相情感障碍中表现为情绪高涨、言语活动多、思维敏捷、行为冲动以及自我感觉良好等的一系列症状总称，通常在青春期中期或成年期早期时出现。儿童青少年的躁狂发作可表现为夸大自我、说话有力、思维奔逸、注意力分散、睡眠减少等，处于症状中的我们可能会感觉自己聪明异常；但真实情况是我们的判断力也可能受损，甚至会做出不负责任的行为，例如滥交或鲁莽驾驶等。发病时，会有冲动行为和攻击行为，造成自伤或伤人，对家庭来说会造成负担，患者治疗也较为困难。

躁狂发作治疗方法有哪些？

目前躁狂发作的治疗方案包括药物、物理和心理治疗。药物治疗：通常首选心境稳定剂，如锂盐（碳酸锂）、丙戊酸钠等，以及抗精神疾病药物，如奥氮平等，需要在医生的指导下服用。物理治疗：主要为无抽搐电休克治疗，多用于急性重症躁狂发作，或对锂盐无效的患者。心理治疗：病情稳定后接受心理治疗可以帮助患者改善认知，学习应对策略，增强治疗效果，降低复发风险。

健康术语

双相情感障碍

双相情感障碍是一种常见的慢性的表现为躁狂发作和抑郁发作周期性交替或同时存在的精神障碍。研究发现，约 30% 的成年双相情感障碍患者在 13 岁之前就有症状出现，且青少年患者数量逐年增加。躁狂发作时，患者可能睡眠紊乱，攻击性强，情绪波动大。抑郁发作时，患者会感觉沮丧，对活动失去兴趣，可能表现出思维和行动缓慢，睡眠时长增加。如无及时治疗和干预，会影响患者的生活和学习，也会增加自伤、自杀的风险。

（史文佳）

26. 躁狂发作时为何我会突然倾向于做很多冒险的事情

关键词

躁狂发作 冒险行为

为什么我会突然做出一些不计后果的行为？有那些往常不敢做的事情，甚至有一些冒险行为，这些变化似乎都在告诉着我：我与一般人不一样。自我感觉良好，感到身体异常亢奋，精力从未如此充沛，才思敏捷，过高地评价自己，突然想要干大事，变得不顾后果，采取很多草率的行为，做出许多冒险的事情……这些非比寻常的想法其实都来源于躁狂发作，躁狂发作会导致我们做出不安全的行为。

专家说

如何早期识别躁狂发作导致的冒险行为？

我们可以从生活中的一些变化做出识别。①行为轻率，不计后果。②计划想法虎头蛇尾或有始无终。③缺乏持续而理性的思考，做出以往不会做或不敢做的事情，如：大庭广众之下唱歌，但自己却是个内向的人；毫无目的地和陌生人讲话；平时胆子很小，却突然参加极限运动；疯狂消费甚至挥霍无度，与平时个性大相径庭。这些行为通常会导致不良后果，影响学习、家庭生活和人际关系等。

冒险行为的出现意味着发病了吗?

出现冒险行为后，不一定就代表发病，还需要进行一定的识别。有些冒险行为是年轻的象征，是对于新鲜事物的追求，我们能辨别这种行为的安全性，可以自己调节情绪，就不属于发病的范畴。还有些冒险行为，虽然具有一定风险，但还是可以通过自我调控而减少，可在家长的帮助下进行，这种也不算是发病的症状。但如果这种行为出现后，我们无法自我调节，甚至是持续存在，明显会影响正常的生活、社交、学习等方面，那么就需要进一步评估，这很有可能是一种轻微躁狂发作的表现。

健康加油站

控制冒险行为的方法有哪些?

冒险行为会持续影响生活，我们需要加以控制。首先，要建立良好的作息机制，早睡早起。注意适当运动，健康饮食，保证三餐，生活中控制电子产品的使用时长。其次，要学会不厌其烦地寻求周围人的帮助，他们可以是父母、兄弟姐妹、老师或同学，只要是自己信任的人就可以；同时可以多做深呼吸训练，这样如果出现冒险行为，我们就可以到适宜的环境中，闭上双眼，做一分钟的深呼吸练习，然后认真思考这种行为是否正确、可行和必要，会不会产生不好的结果等。如果有人提醒你，就要学会多想想，慢慢做，试着接受他人的意见，避免仓促做决定。一旦发现自己无法控制这一行为，应立即前往专业的精神卫生机构寻求帮助。

（吕钦谕）

27. 为什么我会觉得脑子里有很多**想法**不停地**冒出来**

关键词

思维奔逸　言语增多

有小伙伴可能会感到困惑："为什么脑子里时不时会有很多想法源源不断地冒出来？自己的思维似乎无法停止，难道自己就是传说中的天才？"实际上，这可能是躁狂发作的一个信号。由于思维联想明显加快，躁狂发作的人常会感到自己脑子开了窍，突然变聪明了；自己说话速度比正常时快很多，一句接一句，顿时思如泉涌，遣词用字变得比平常更灵活多样，出口成章，颇具文采。这种表现往往和平时的我们截然不同，仿佛变成了另一个人，这种情况会在我们的社交、生活或者学习中发生。

专家说

脑子里有很多想法不停地冒出来就是躁狂发作吗？

躁狂发作的患者会出现思维联想加快，表现为大脑根本停不下来，不停地冒出概念或想法，脑子反应变快，容易把问题想明白想透彻，同时工作效率也增加，能力有提升，这种往往伴随有明显的情绪高涨、异乎寻常的精力充沛、兴奋且话多等表现，正常生活可能受到不同程度影响。但是，脑子想法多不等于躁狂发作，焦虑的人也会出现类似情况，不仅想法多，而且控制不住，往往表现为一种过分的担忧，与周围

环境不相符的多虑，杞人忧天，容易紧张害怕，同时伴有身体不适。

思维奔逸不是好事情吗？

任何事物都过犹不及，思维奔逸也有可能是病理性的表现。如果这种表现会影响生活和社交，让自身感到非常痛苦，就需要医学干预。思维奔逸通常会表现出联想速度明显加快，语速滔滔不绝，甚至信口开河，说的话或者做的事情都没有经过深思熟虑，往往虎头蛇尾，甚至于做一些不计后果的行为，因此并非好事。

思维奔逸需要治疗吗？

如果我们存在思维奔逸的表现，但是不影响生活和社交，那可以短暂进行心理治疗。可是如果出现了明显的情绪高涨，精力充沛，活动增多，这种情况持续四天以上，那就需要去精神专科门诊进行评估。更严重的情况，比如有明显的破坏性，影响正常生活社交，那就需要使用药物治疗去稳定情绪，且至少持续一段时间。

（吕钦谕）

28. 为何我会突然变得特别**健谈**，无法停止说话

我们有时会羡慕身边的小伙伴能口若悬河，滔滔不绝，轻易就成为令人瞩目的人物。但如果你突然变得话多，很难停下来，让周围人感觉你像个“话痨”，分享欲异常旺盛，可能是因为你脑子里思维联想速度明显加快，令你滔滔不绝。这时候可能是出现了轻躁狂发作或躁狂发作，需要进行专业评估。

专家说

话多等于轻躁狂吗？

有的人天生性格开朗、自信、话多、爱交朋友，我们认为这是外向的表现。但是如果话多到无法打断，不分场合，无论对方是否愿意聆听，都滔滔不绝，同时伴有注意力不集中，随着周围环境的变化不断变化话题，一段话没有说完，紧接着说另一段没有关系的话，这个时候可能是一种轻躁狂表现，它往往伴有明显的情绪高涨或者容易激惹（很小的事情会易怒、发脾气，像刺猬一样），行为也会变得多而凌乱，精力也变得异乎寻常的充沛，甚至表现出一些不计后果的行为。

健康加油站

话多需要治疗吗？

异乎寻常的兴奋、话多是轻躁狂的常见表现，也是双相情感障碍的一种临床症状，特点为滔滔不绝、精力充沛、自我感觉好、自我评价高，往往对正常生活社交有一定程度的影响，但不严重，早期医疗干预是有效果的。比如可以寻求心理医生的帮助，做短暂的心理治疗，比如认知行为疗法（CBT）、精神动力分析治疗，也可以进行药物干预，如心境稳定剂拉莫三嗪、锂盐等。若出现上述情况建议尽快到正规精神卫生机构进行评估。

（吕钦谕）

关键词

睡眠障碍　兴奋　精力旺盛

29. 即使睡眠时间很短，我也不会感到疲倦，这是怎么回事

对于许多求学中的青少年而言，最大的痛苦莫过于每天睡不够，疲劳得要命，经常需要补觉。而有的青少年睡眠时间非常短，比如每天只睡 2~3 个小时，夜以继日地学习，但是第二天仍然活力满满，不觉得疲倦，每天大部分时间都像打鸡血一样，精力充沛，持续至少

四天，这种其实是非正常的表现，长此以往，容易精力耗竭，产生情绪问题。因此，如果出现睡眠需求减少，睡眠时间过短，和以往状况很不一样，可能是一种轻躁狂的早期表现，建议进行有效评估。

专家说

正常的睡眠是什么样的?

每个人都应该有健康的睡眠，成年人正常睡眠表现常描述为躺在床上 30 分钟内能够入睡，睡眠中可以醒来最多 2 次，比如上个厕所，或者翻个身，醒后 15 分钟之内能够睡着，总的睡眠时间不短于 6 小时，第二天醒来的时间不早于平时正常醒来时间 1 个小时（早醒），同时白天精力尚可，不觉得疲倦乏力。当然不同年龄阶段需要的睡眠时间不同，随着年龄增长，我们的常规睡眠时长可能有所减少，这也就是老年人为什么更容易早醒的原因，儿童青少年的睡眠时间往往比成年人要久一些。但如果睡眠时间特别短，第二天没有劳累感，甚至精力充沛，思维敏捷，活动增多，情绪高涨，持续存在超过四天的时间，就不是正常的睡眠，需要专业评估，必要时须医疗干预。

健康加油站

如何保证良好生活作息和睡眠习惯?

正值生长发育的孩子，需要保持规律性作息，保证良好的睡眠习惯是基础。每天在大致相同的时间起床、用餐和睡觉，能够帮助个体维持身心健康。同时营养均衡的饮食、适当的体育锻炼和充足的睡眠时间，可以改善心境。睡眠不佳的青少年需要控制电子产品的使用时间，尤其是夜间准备睡觉前，更需要“酝酿”睡眠，否则会影响大脑进入休息状态。如果躺在床上睡不着也没有关系，可以闭目养神，简单思考今天做过哪些有意义的事情或者开心的事情，简单总结，表扬一下辛苦的自己，慢慢就会进入梦乡。平时也要保持乐观、积极的心态，提高对环境的适应能力，避免长期处于高度紧张、经常熬夜的生活状态，适当给自己减压和放松，偶尔“偷个懒”，也没有关系。

（吕钦谕）

六

我的饮食

30. 为什么别人都觉得我很瘦，但我还是**觉得自己胖**

关键词

体型体重 身体意象 身材焦虑

青少年有时会对自己的身体形象产生疑惑，尤其是当外界评价与自我感知出现偏差时。比如，有人可能会疑惑：“为什么别人都觉得我很瘦，我还是觉得自己胖？”这种心理现象反映的是对身体意象的认知偏差，身体意象指的是个体如何看待自己的身体，如外观、体型、体重等，反映内心对自己的满意程度。青少年的身体意象与自尊、自我认知及社会环境影响有关。当自我期望与社会评价不符时，青少年就容易产生自我怀疑，进而对自己的身体形象产生不满。自我认知的偏差是导致这一现象的重要原因，人有时对自己的身体感知有着固定的刻板印象，即使外界评价已经改变，内心的认知也难以及时调整。另外，社会审美观念的影响也不容忽视，在当下社会，大众将“瘦”视为美的标准，这种观念无形中给青少年带来了巨大的心理压力，使他们对自己的身体形象产生不切实际的期望。

专家说

体重到底多少才算正常？

体重不能仅凭直观感受或数字大小来判断。在医学上，通常通过计算体重指数（BMI）来评估。一般来说，儿童和青少年的体重如果低于相应性别、年龄BMI的10%百分位数为体重过低，高于90%的百分位数为体重过高。BMI= 体重（kg）/ 身高（m）^{2}，它提供了一个相对客观的衡量标准。除了BMI，腰围、体脂率等指标也是判断体重是否健康的重要依据。

关键词
暴饮暴食 催吐 导泄

健康术语

体象障碍

体象障碍指对自己的体型、体重存在不正确的认知，对身体的胖瘦或某些部位的粗细、大小等存在感知障碍，即使已经明显消瘦，仍感觉自己很胖，并为此焦虑。这是进食障碍患者的常见症状之一。

（陈　涵）

31. 我常常**暴饮暴食**之后又要**吐掉**，是不是不正常

一些青少年会在暴饮暴食后进行催吐或导泄的行为，这可能源于多种复杂的心理因素。经常性的暴饮暴食是一种情绪应对机制，面对学业压力、人际关系的困扰或家庭矛盾时，青少年可能会感到焦虑、抑郁或无助。在这些负面情绪的作用下，他们可能会通过大量或快速进食来寻求短暂的安慰和满足感，这种进食往往是无意识的、过量的，导致身体产生不适后，可能出现催吐和导泄行为。而催吐或导泄则可能一方面是出于对自己身体形象的过度关注，为了维持“瘦而美”的外在形象而采取的抵消行为，以防止体重增加；另一方面是对自己暴饮暴食行为进行的自我惩罚，以缓解心理上的痛苦。然而，这种行为不仅不能解决根本问题，反而会对身体造成严重伤害。

专家说

经常催吐会带来哪些危害?

经常催吐会导致胃黏膜和食管黏膜受损，严重时可能引发胃出血和食管撕裂。胃酸反流还会腐蚀牙齿，导致龋齿和牙龈萎缩。此外，催吐过程中大量水分和电解质的丢失，可能会引发电解质紊乱，如低钾血症和低钠血症，影响身体脏器功能。长期催吐会导致营养不良，甚至多器官功能衰竭。暴食催吐在心理上对这一行为形成依赖，同时催吐的后悔、自责等负面情绪还可能引发抑郁、焦虑等情绪问题。

经常暴食催吐怎么办?

（1）**规律进餐：**保持三餐节奏，两顿间可增加点心餐，避免空腹超过 4 小时，饮食结构合理。

（2）**移除环境诱因：**暂时移除家中易引发暴食的“高危食物”，或只购买小份装。

（3）**自我觉察与记录：**每次暴食或催吐冲动前，立即记录当下的具体情绪和触发事件，理解自己冲动时的心理需求。

（4）**正念饮食：**专注于感受食物的颜色、气味、口感、温度，咀嚼 20 次以上，每吃几口放下餐具，体会饱腹感信号（需要反复练习）。

（5）**注意力转移：**冲动来临时，立即离开厨房或卫生间，快走 10 分钟、捏解压球或冰块、冷水洗脸、听节奏感强的音乐、向信任的人倾诉、嚼口香糖等。

（6）重构身体认知： 限制每天称体重或照镜子的次数，避免用体型评价自我价值，当出现“必须瘦”的念头时，反问自己：“此刻的我是否值得被善待？”

要树立正确的身体观念，明白每个人的身体都是独一无二的，健康才是最美的

学会应对压力，通过适量运动、阅读、与朋友交流等方式来释放压力，而不是依赖节食来寻求安慰

保持均衡饮食，摄入足够的营养，让身体得到充分的滋养

健康术语

神经性贪食症

神经性贪食症是一类以反复发作性暴食及强烈控制体重的先占观念为特征的疾病。主要表现为反复发作、不可控制、冲动性地过量进食，继之采取防止增重的不恰当的代偿行为，如禁食、过度运动、诱导呕吐、滥用泻药、利尿剂等，这些行为与其对自身体重和体型的过度关注和不客观的评价有关。暴食催吐（或导泄）行为每周一次或更多，持续至少 1 个月，符合以上标准则可被诊断。

（陈　涵）

32. 因为怕胖而**过度控制饮食**有哪些危害

关键词

身材焦虑　厌食　暴食

有些人明明已经很苗条了，但还是觉得自己胖，整天吵着要减肥，反复地照镜子、称体重，吃饭都要数着吃，买各种减肥产品，锻炼上瘾。有时候看到好吃的实在忍不住就大吃一顿，吃完以后就感觉自己犯了不可饶恕的罪，为了防止自己变胖，甚至催吐、吃泻药。他们过分地在意他人的评价，一旦有人夸他们瘦，就自信满满。一旦体重增加了几斤就闷闷不乐，这就是“身材焦虑”。

在当今社会，一些社交媒体往往推崇单一的审美标准，比如“白瘦幼”“骨感美”，对青少年的自我形象认知产生了负面影响，再加上有些青少年从小就经常受到批评或过度被控制，更容易出现忧郁和自卑。而控制饮食和身材能够让青少年产生成就感，体验到快乐和自信，于是就逐渐沉迷其中。

然而，这种行为往往只会带来短暂的满足感，并可能引发厌食症、暴食症、抑郁症。长久下去会导致营养不良、内分泌紊乱等躯体疾病，严重的可能危及生命。

专家说

神经性厌食症有哪些症状？

在心理上，神经性厌食症患者对体型和体重过度关注；行为上，通过限制饮食、过度运动、催吐导泻达到控制体重的目的；常伴有焦虑、抑郁、易怒等情

绪症状和脱发、闭经、贫血、骨质疏松等躯体疾病，严重者会危及生命。

如何减轻“身材焦虑”？

要改变这种不健康的心态，首先需要接受并尊重自己的身体，不要盲目地追求所谓的“完美”身材。良好的饮食和运动习惯是以保持身心健康为目标，而非单纯为了迎合外界期望。寻求专业心理支持也是有效途径。倾诉内心困扰、树立积极自信的态度，都可以帮助我们摆脱不良情绪的困扰，拥抱真实、健康的自我。

体象障碍

健康术语

身体质量指数（body mass index，BMI），简称体质指数，是国际上常用的衡量人体胖瘦程度以及是否健康的一个标准。计算公式为：BMI= 体重（kg）/ 身高（m）^{2}。它提供了一个相对客观的衡量标准。成年人 BMI 在 18.5 至 24.9 之间被视为正常范围。而儿童和青少年如果低于相应性别、年龄 BMI 的 10% 百分位数为体重过低，高于 90% 的百分位数为体重过高。

（王　勇　陈　涵）

关键词

多巴胺　情绪性进食

33. 为什么我心情不好的时候就想吃东西

在青少年的成长过程中，情绪与行为的关联往往复杂而微妙。有时，我们会发现自己在心情低落时，会不由自主地想要吃东西，仿佛食物成了缓解情绪的“良药”。这一现象，其实蕴含着一定的心理学原理。当我们遭遇挫折、失落或感到压力时，大脑会释放一种叫作“多巴胺”的神经递质，它负责传递愉悦和满足感。而食物，尤其是高糖、高脂肪的食物，能够刺激大脑释放更多的多巴胺，从而带来短暂的快乐和放松感。因此，心情不好的时候，吃东西成为一种自然的、无意识的情绪调节方式，被称为情绪性进食。

专家说

情绪性进食会带来哪些坏处?

情绪性进食行为并不总是健康的。长期依赖食物来缓解情绪，不仅可能导致体重增加、营养失衡，还可能引发一系列的心理问题，如焦虑、抑郁等。更重要的是，情绪性进食的行为会让我们忽略问题的本质，无法真正摆脱困境。

情绪不良时除了吃东西还能做什么?

当负面情绪来临时，青少年应该学会识别并管理自己的情绪。当感到心情低落时，可以尝试通过运动、听音乐、写日记等方式来转移注意力，释放压力。同时，也要培养积极的应对机制，如寻求朋友和家人的支持，学会接受和应对生活中的挑战。记住，食物是生活的“调味品”，而不是情绪的“救命稻草”。学会用更健康的方式来调节情绪，才能真正实现身心的健康和谐。

深呼吸与冥想

正念进食

（陈　涵）

七

我的睡眠

34. 为什么我**不看手机**就**睡不着觉**

关键词

手机 助眠

在现代社会中，许多人发现自己形成了一个难以打破的习惯：睡前要用手机观看视频、浏览社交媒体或阅读等，看着看着不自觉就睡着了，然而一旦某一天不看手机，就很难入睡。因而大家会产生一个错误的观念：睡前看手机可以助眠。实际上，睡前看手机非但不利于入睡，反而会影响睡眠。

专家说

为什么会有"睡前看手机可以助眠"的错误认识?

手机已经成为我们日常生活中不可或缺的一部分，它不仅是通信工具，也是娱乐、社交和信息获取的重要渠道。当我们看手机，尤其是观看视频、浏览社交媒体或进行其他令人兴奋的活动时，大脑会分泌多巴胺。多巴胺是一种"快乐激素"，使人感到愉悦和放松。然而，这种愉悦感是短暂的，并且容易形成依赖。当我们试图在睡前放弃这些活动时，大脑可能会因为缺乏这种即时的愉悦感而感到不安或焦虑，从而影响入睡。

为什么说"睡前看手机不利于睡眠"?

手机屏幕发出的蓝光是罪魁祸首。蓝光能够抑制大脑中褪黑素的分泌。褪黑素是一种调节人体"生物钟”的重要激素，它的分泌具有明显的昼夜节律性，夜晚分泌增加，白天分泌减少。这种节律性有助于调整人体的“生物钟”，维持机体的自然生物节律。光线是影响褪黑素分泌的重要因素。当人处于黑暗中时，褪黑素的分泌会增加；而遇到光源刺激时，褪黑素的分泌会受到抑制。当我们在睡前使用手机时，蓝光会干扰褪黑素的正常分泌，导致入睡困难、睡眠质量下降等问题。

怎么做才能入睡快一点?

创造安静、温度光线适宜的睡眠环境

下午和晚上避免喝咖啡、茶、可乐等

感到瞌睡时才上床

不要在床上玩手机、看电视、吃东西等；可以选择阅读纸质书籍或听轻音乐等方式

规律睡眠，每天定时起床和休息，周末上床睡觉的时间不应比平时晚超过1小时

尽量不要平时熬夜，依赖周末和节假日“补觉”

（王文政）

35. 为什么白天**一直睡**还是**觉得累**

关键词

白天补觉　睡眠补偿

有些青少年因为夜晚睡眠不足或睡眠质量不佳，会选择在白天补觉来弥补一下睡眠时间。但我们会发现白天睡觉和晚上睡觉的感觉不一样：白天补觉，睡是睡着了，时间也不短，但醒来却没有神清气爽、精力充沛的感觉，甚至像是没有休息过一样，感觉很累。实际上，白天补觉并非一种理想的睡眠补偿方式，甚至可能带来一些负面影响。

专家说

睡眠分为浅睡、深睡和快速眼动睡眠等不同阶段。机体通过睡眠，实现保存能量、增加代谢产物排出、增强免疫、促进发育和巩固记忆的功能。人类需要白天活动、夜间睡眠的规律是由我们内在的“生物钟”决定的。“生物钟”是在漫长的进化中形成的与自然界相适应的生物节律，保证人类从生理上主动适应昼夜转换，保证机体能够在适当的时间进行休息或者活动。内在的生物节律受到光线、进食、社会活动和稳定等外界因素的影响。其中，光线对“生物钟”的影响尤为重要。我们人类的身体里像有一套感光系统，当光线变暗时，大脑褪黑素分泌会增加，帮助人体进入睡眠状态。如果经常昼夜颠倒，即便睡足了 8 个小时，也难以达到正常夜间的睡眠质量，仍会感觉精神不振，甚至感觉越睡越累。

如何正确"补偿"睡眠?

青少年面临着社会和学校课业的压力，很多孩子处于慢性睡眠不足的状态，会利用周末补觉的方式来"补偿"平日欠下的睡眠时间。其实，周末补觉不足以偿还平日欠下的"睡眠债"，因为白天的时间≠夜晚的时间，白天补觉不能完全逆转反复睡眠不足导致的认知功能改变、幸福感下降、代谢紊乱等不良后果。因此，日常保持充足的睡眠至关重要，如果白天感觉特别困，可以在午饭后睡 30~45 分钟，但午睡过久也不行，会影响晚上的睡眠。

健康术语

睡眠 - 觉醒周期

睡眠 - 觉醒周期是睡眠与觉醒状态交替出现的一种生理状态。简单来说，它是我们身体内部的一个自然计时系统，决定了我们何时入睡、何时醒来，以及我们睡眠的深度和质量。保持健康的睡眠 - 觉醒周期，我们才能拥有更好的睡眠。

（王文政）

36. 为什么我躺在床上总是需要很长时间才能睡着

在青少年群体中，有一种"晚睡晚起"的现象：我们发现自己不再像小时候一样"倒头就能睡"，躺在床上后需要很长时间才能进入梦乡，并且早上又起不来。为了保证我们有充足的睡眠，家长通常会让我们早早上床等待入睡，但效果不尽如人意，有时甚至适得其反。

专家说

青春期是人体生长发育的关键时期，伴随着性激素的变化和“生物钟”的调整，青少年的睡眠模式也会发生显著变化。具体来说，青春期开始以后，“生物钟”会逐渐延后 2 小时，这种生理上的调整可能导致我们的睡眠需求与以往不同。举个例子，原先 21 点睡觉的孩子要到 23 点才能睡着，如果还是按照原来的时间安排就寝，那就可能出现入睡困难，感觉躺在床上很长时间也睡不着，这是一种生理现象。

健康加油站

怎么破解青少年“晚睡”？

（1）“生物钟”疗法：对于睡眠时相延迟在 4 小时内的孩子，可以循序渐进提早入睡时间，同时固定起床时间来矫正。要注意双休日也要按时睡觉及起床，且不能午睡。对于严重睡眠时相延迟或以上方法无效的孩子，可采用“逆向法”，也就是顺时针一直推迟入睡时间，直到睡眠阶段调整到预期范围内，这种方法有可能会导致白天睡眠增多。

（2）光线疗法：早晨起床时，让室内充满光线，人容易清醒，长期坚持，“生物钟”会提前。

（3）药物疗法：必要时，孩子可以在医生指导下睡前服用褪黑素调节“生物钟”。一旦睡眠时间调整到预期范围，就要每日严格遵守作息时间。

（王文政）

关键词　噩梦　心理疏导

37. 为什么我总是**做噩梦**

毛毛是一名 13 岁的学生，近半年他几乎每天晚上都会做噩梦，惊醒后心有余悸，难以再入睡。这些噩梦的内容各不相同，但都有一个共同点：它们都让毛毛感到极度的恐惧和不安。有时他会被追逐，有时他甚至会梦见自己身处一个完全陌生的世界，无法找到出路。这些噩梦严重影响了他的睡眠质量和生活，导致他精神恍惚，学习效率低下。

专家说

青少年相较于其他年龄段的人群，确实可能更容易做噩梦。首先，青少年处于生长发育的关键时期，大脑和身体都在快速发展。大脑活动频繁，梦境也相对较多且复杂，更容易体验到各种梦境，包括噩梦。其次，心理因素也是青少年容易做噩梦的重要原因。他们面临着学业压力、人际关系、自我认知等多方面的挑战，这些压力可能导致他们产生焦虑、恐惧等负面情绪，这些情绪在梦境中得到反映，就可能形成噩梦。

为了减少青少年做噩梦的频率，可以从以下几个方面入手。

(1) 认识和理解噩梦：噩梦只是梦境的一种，内容可能与个人的经历、情感、压力等因素有关，但不应将其视为真实的威胁或危险。通过理解噩梦的本质，可以减少对其的恐惧和焦虑。

(2) 调整生活习惯：建议保持规律的作息时间，创造舒适的睡眠环境（减少光线刺激）以及避免睡前不良的刺激，如看恐怖暴力的电影等。

(3) 放松身心，必要时进行心理疏导：睡前进行适当的冥想和深呼吸，听轻音乐等放松训练，如果面临较大的心理压力或负面情绪，建议及时进行心理疏导来缓解压力、调整心态。

(4) 寻求专业人士的帮助：如果噩梦情况严重且持续存在，建议及时就医寻求专业人士的帮助。精神科医生可以通过系统化评估，制定个性化的治疗方案，包括心理治疗、药物治疗或其他方法。

健康术语

梦魇

从医学角度定义，梦魇是一种睡眠障碍。它表现为在睡眠中反复经历焦虑、恐惧、愤怒等极度不安的梦境，导致患者在夜间醒来。患者醒后意识清楚，能够记忆并复述梦境的内容以及当时的不良情绪。虽然，多数人偶尔都会经历梦魇，但只有当梦魇频繁出现，严重影响到日常生活和睡眠质量时，才被视为一种需要医疗干预的病理状态。

（王文政）

38. 为什么我很晚睡着却在凌晨醒来

关键词：入睡困难　早醒　失眠障碍

这种现象我们称之为入睡困难和早醒。入睡困难指入睡时间超过 30 分钟，早醒指比预期的觉醒时间更早醒来且无法再次入睡。往往还会伴有睡眠浅、多梦、白天困倦等。如果持续时间少于 3 个月，称为短期失眠；超过 3 个月，称为慢性失眠障碍。

专家说

短期失眠怎么办?

首先，要明确导致失眠的相关因素。包括生理因素、心理因素、行为因素和社会因素四个方面。①生理因素：包括遗传因素（“猫头鹰”型“生物钟”，缺乏弹性的“生物钟”）、躯体疾病（骨折等长期卧床）。②心理因素：包括性格特点（内向、压抑、完美主义），情绪波动（焦虑、抑郁、烦躁）。③行为因素：包括饮食习惯（晚餐过量、喝咖啡或浓茶）、睡眠习惯（熬夜、睡前玩手机、早上赖床、白天补觉）、运动习惯（白天不运动，睡前剧烈运动）、白天缺乏光照等。④社会因素：包括环境影响（开灯睡觉、噪声干扰、过于潮湿、寝具不适合等）、生活事件（经济困难、学习工作压力、人际冲突、家庭变故等）。

导致短期失眠的因素多为一过性的，只要及时调整，很快可摆脱失眠的困扰。比如躯体疾病导致的卧床过多，生活事件导致的情绪波动都会随着时间流逝好转。而上述影响睡眠的生活习惯只要有意识去改变，是可以在短期内改善睡眠的，还可以通过增加白天的运动和光照，营养均衡的饮食，培养积极的心态等方法来更快改善失眠。

慢性失眠怎么治疗?

慢性失眠往往存在遗传因素或特定的性格特征，因生活事件或环境变化诱发产生的，而且会有使失眠持续存在的因素，比如长期的生活压力，不良的生活习惯等。因此，我们先要区分哪些因素可以调整，哪些短期内很难改变。然后通过调整那些可变因素，再配合规范的治疗来改善慢性失眠。目前常用的治疗方法包括药物治疗、心理治疗、物理治疗、中医治疗等。药物治疗主要包括安眠药和褪黑素类药，心理治疗主要包括失眠的认知行为疗法（CBT）、正念治疗等，物理治疗包括电刺激和磁刺激、光照治疗等，中医治疗包括中药、针灸、香薰等。如果通过自行调整难以改善，就应当尽早到专业机构寻求规范的治疗。

健康术语

褪黑素（melatonin，MT）

褪黑素是一种内源性神经激素，属于吲哚胺类激素，由松果体分泌产生。之所以被称为“褪黑素”，主要是因为它最初被发现的功能与调节皮肤黑色素的代谢有关。不过，随着研究的深入，人们发现褪黑素的主要生理功能并非调节黑色素，它的主要作用是帮助入睡和调节昼夜节律（“生物钟”）。光照会抑制褪黑素的分泌，所以褪黑素白天分泌少，褪黑素夜间分泌则是白天的 2 倍。除自然光外，电子产品的蓝光辐射也会抑制褪黑素的分泌。研究发现，睡前只要使用 2 小时带有背光显示屏的电子产品，就可导致褪黑素分泌被抑制 22%，从而引发睡眠时间减少、易被打断等睡眠问题。而前半夜褪黑素的分泌高峰也是深度睡眠最多的阶段，有助于脑力和精力的恢复。熬夜用电子产品会减少夜间褪黑素的分泌和深睡眠的时间，导致白天褪黑素分泌增多，容易困倦，影响注意力、记忆力等认知功能，甚至导致 5- 羟色胺缺乏，引发抑郁、焦虑等情绪问题。

（王　勇）

关键词

脑脊液　神经元　突触

39. 为什么我**睡眠不好**的时候，白天**昏昏沉沉**

首先，要了解睡眠的功能，包括合成、修复和补充重要物质，消除疲劳，恢复体力，巩固记忆，促进大脑发育和身体生长、延缓衰老、增强免疫力、稳定情绪、清除体内垃圾等。

失眠导致的白天困倦与脑内垃圾清除有关。我们身体的垃圾清除主要靠淋巴系统，而大脑内没有淋巴系统，垃圾清除主要是靠“脑子进水”——睡觉的时候，脑脊液会进入脑细胞间隙，带走代谢产生的垃圾，也就是我们说的“洗脑”。如果熬夜或者睡不好，垃圾洗不干净，白天就会昏昏沉沉。

此外，脑细胞（神经元）白天会伸出很多“手臂”（突触）和周围的神经元“交朋友”，传递一些物质和信号，这是大脑活动的基础。睡眠的时候，这些突触会收回来休息，保证第二天的活力。如果长期失眠或熬夜，神经元和突触难以得到休息，会逐渐衰竭或凋亡，导致脑功能损害，白天犯困，影响注意力、记忆力等认知功能。

其他因素也可能引起白天困倦，比如植物神经紊乱、甲状腺功能减退、睡眠呼吸暂停综合征、过度嗜睡障碍、脑部疾病等。

专家说

白天昏昏沉沉补一觉行不行?

晚上睡不好，白天没精神，补一觉就精神了，很多人会有这种误区。但是补觉后你就会发现晚上更睡不好了，形成恶性循环，慢慢变得日夜颠倒，影响白天的学习和生活。白天补觉还容易受光照和声音的干扰，难以进入深度睡眠，睡了很久脑子还是不清醒。因此，白天没精神的原因是晚上没睡好，应当从改善晚上睡眠入手，比如不熬夜，上床后不玩手机，睡前做一些放松训练（深呼吸、冥想等），不要吃太饱或喝太多水等，白天困倦的时候也应该开窗通风、增加光照、做有氧运动，而不是想睡就睡。

白天没精神能不能喝咖啡或浓茶提神?

咖啡和浓茶中所含的咖啡因成分有助于提高警觉性和注意力，可以暂时缓解疲倦感，但并不意味着它们就是可以长期解决疲劳问题的最佳选择。过度依赖咖啡因会导致身体产生耐受性，越喝越多才能达到相同效果。此外，过量摄入咖啡因可能会导致失眠、心跳加快、焦虑等不良反应。因此，喝咖啡或浓茶可以作为应急的方法，长远来看更重要的是调整作息、保持良好的饮食习惯和适量运动。此外，如果喝了咖啡或浓茶后仍无法有效提神，需要考虑是否存在其他潜在问题影响了精力，例如，缺乏某些营养物质、甲状腺功能减退等，建议及时就医。

健康术语

过度嗜睡障碍

过度嗜睡障碍是一种罕见的睡眠障碍，这种疾病会导致患者在白天出现强烈且无法控制的睡意。患者可能会感到在任何时间都需要长时间的睡眠，即使在夜间有足够的休息也无法消除这种睡意。

（王　勇）

关键词

睡眠　情绪　失眠

40. 为什么我的睡眠会影响情绪

很多小伙伴都曾有过这样的体验：睡眠充足时，第二天醒来时的心情就像阳光般明媚，元气满满，而睡眠不足或者睡眠质量差时，心情就会“晴转多云”，变得沉闷和烦躁。其实，睡眠就像是情绪的调节器，脑内有一些特殊的化学物质，它们受到睡眠这位平衡大师的调节。比如让我们情绪稳定的血清素、感到兴奋快乐的多巴胺和调节紧张的去甲肾上腺素等化学物质，都需要充足的睡眠才能维持正常的水平。当睡眠不足时，这些化学物质的失衡就会使得心情阴晴不定，或亢奋烦躁，或情绪低落。

专家说

睡得越多，心情就越好吗？

研究发现，睡眠时长与生活质量以及心理健康之间呈倒“U”字形。青少年最佳的睡眠时长大约为 9 小时，过多或过少的睡眠都会打乱“生物钟”，影响情绪调节，引发焦虑和抑郁等症状。

怎样通过非药物的方式改善睡眠？

（1）改善睡眠卫生和习惯：如规律作息、避免在睡前两小时进行剧烈运动以及避免饮茶、喝咖啡等。

（2）改变认知：避免过度关注失眠的现象，不要夸大失眠的危害。

（3）睡眠限制：当睡眠时长严重不足时，可通过推迟就寝时间或将起床时间提前以减少卧床时间，使每晚的卧床时间接近夜间的实际总睡眠时间。当实际总睡眠时间与卧床时间的比例连续一周达到 90% 以上时，接下来可以将每晚卧床时间增加 15 分钟，并以此每周进行一次调整。当上述比例低于 85% 时，减少 15 分钟卧床时间；当比例在 85%~90% 之间时，保持卧床时间不变。

（4）刺激控制疗法：只在有困意的时候上床睡觉，如果 30 分钟仍无法入睡，立即离开卧室，进行一些放松活动，直到再次有困意才卧床。如果再次无法在 30 分钟内入睡，重复上述调整方法。不管晚上的睡眠如何，早晨固定时间起床，避免白天补觉。

健康加油站

失眠可能并不只是失眠

夜间睡眠时如出现无法在半小时内入睡、多梦易醒、早醒且白天感到困倦疲乏等症状，我们就要注意失眠的可能。但很多情况下失眠可能是心理疾病的症状，如抑郁的人容易早醒、焦虑的人容易入睡困难等。因此，当我们出现失眠时，应当予以重视并警惕是否存在心理问题，必要时及时就医。

（黄颖林　汤艳清）

关键词

惊醒　睡惊症　放松

41. 为什么我**睡着**后会**惊醒**

任何能够干扰大脑神经细胞活动的因素都可能影响我们的睡眠和觉醒状态。青少年时期是身心发展的关键阶段。青少年的大脑神经系统发育尚未成熟，又面临着紧张的学业压力和充满挑战的人际关系压力。研究发现，长期处于紧张状态会导致大脑的神经细胞活动模式改变，即便在睡眠中，这些神经细胞仍然会保持活跃状态，从而增加微觉醒的频率并干扰睡眠。目前，一般认为睡眠状态中出现惊醒可能与大脑发育不成熟、精神过度紧张或疲倦、嘈杂的不良睡眠环境、躯体的不适或疾病状态以及正在使用的相关药物有关。

专家说

睡惊症有哪些表现?

睡惊症又称夜惊，可表现为在入睡的 2~3 小时内出现突然惊醒，可伴有尖叫、哭闹、躁动、出汗、呼吸心率加快等，甚至从床上坐起或下地行走，表情惊恐。发作时意识不清醒，肌肉紧张，一般持续数分钟，第二天对发作的情况无法回忆。

睡惊症应该怎么治疗?

睡惊症主要发生在 1~12 岁的儿童中，在青少年时期大多会逐渐自行缓解和痊愈。因此，一般情况下不需要特殊治疗，可以采取消除诱因（如紧张情绪）的方式来缓解症状。当然，如果夜惊发作较频繁，影响了日间的精神状态和学习等，或者发作时的行为有受伤危险，那么就需要适当的药物治疗。

健康加油站

如何通过渐进式肌肉放松训练改善睡眠?

渐进式肌肉放松训练是缓解焦虑紧张的有效方式，也有利于改善睡眠。具体方法为：安静地躺在床上，先使某一处肌肉缓慢收紧，如握紧拳头，保持 5 秒钟，专注于肌肉紧张时的感觉。紧接着在 10~15 秒内使肌肉彻底放松，如将握紧的拳头慢慢松开来，并细心体会放松时的感觉。当进行一个部位的肌肉训练时，尽量使其他部位的肌肉保持放松。如感到某些肌肉未彻底放松，可按照上述方法再次训练。可以按照下列部位的顺序进行紧张 - 放松训练：双手、双臂、前额、眼、颈、咽喉部、肩背部、胸、腹、臀部、大腿、小腿、双脚。

（黄颖林　汤艳清）

关键词

睡眠节律　睡眠习惯

42. 为什么我喜欢白天睡觉，晚上却睡不着

不少青少年存在白天睡觉而晚上睡不着的现象。导致这种睡眠节律紊乱的因素较多，但对青少年来说，常见的原因是学业压力和情绪障碍。繁重的学业任务挤占了大量的夜间睡眠时间，而且学业压力带来的紧张焦虑感更使夜间难以入睡，这进一步导致青少年在白天产生困倦感，甚至补偿性睡眠增多。《2022 年青少年心理健康状况调查报告》显示，约有 14.8% 的青少年存在不同程度的抑郁风险。如果青少年长期存在抑郁情绪，那么往往会出现对学习和社交兴趣的减退，甚至厌学的情况。这种低动力感往往会表现为上课时的困倦和嗜睡，而日间睡眠的增多则进一步导致夜间的入睡困难和睡眠需求减少。

专家说

“早睡早起”才是正常的睡眠吗？

在我们大多数人的认知中，“早睡早起”才是最合理的作息习惯。目前的研究表明，基因对我们睡眠节律所起的作用占到 40%~50%，而睡眠习惯只占 22%~25%。因此，可以说“早睡早起”更大程度上是由我们的基因所决定的，而不单单是由睡眠习惯所支配的。由于“早睡早起”型的人更符合和适应当今的社会生活节奏，他们的睡眠节律也自然容易被视为是正常的。但这并不意味着“晚睡晚起”型的睡眠就是不正常的，也不能一概而论地认为“晚睡晚起”的人就是懒惰的。

睡前剧烈运动，让身体累了之后会更容易入睡吗？

适度的运动和锻炼的确有助于提高夜间的睡眠质量。但如果在睡前两小时内进行剧烈运动，不仅对睡眠改善无效，还可能会适得其反。研究发现，在睡前进行高强度运动的人入睡会变得更加困难，大概比往常不运动的时候要晚 30 分钟睡着，深度睡眠的时间也会减少大约 25%。

健康术语

睡眠节律

睡眠节律是由人体内的“生物钟”所控制的，睡眠和觉醒交替出现的规律性周期。

（黄颖林　汤艳清）

43. 为什么白天**学习**越是**紧张**，我晚上越是想**刷手机**

关键词

报复性熬夜　紧张　手机

在我们生活中，一部分人由于白天繁忙紧张的工作学习安排，缺乏空闲时间，习惯牺牲夜间的睡眠时间来换取闲暇时光。这一现象称为“报复性睡前拖延症”或“报复性熬夜”。它可以被理解为一种对白天自由支配时间被“剥夺”的补偿，一种对休闲时光的掌控。青少年每天面临着繁重的学业任务和紧张的学业压力，夜间也自然需要放松的时刻来缓解白天紧绷的神经。手机已经成为青少年生活中非常重要且使用方便的娱乐消遣工具。刷手机也并不需要保持专注力和克服困难，总能给人一种放松感。同时，刷手机的过程中，大脑会分泌大量多巴胺，这是一种能给人带来快乐和满足感的化学物质。因此，“白天学习越紧张，晚上越想刷手机”也就不足为奇。

专家说

如何克服报复性熬夜？

如果你正在进行报复性熬夜且希望停止这样做，那么也许可以使用以下小技巧。

（1）白天适当留出休闲放松的时间，减少对时间利用效率的过度追求和控制。

（2）避免夜间在床上使用手机等电子产品。

（3）睡前至少提前半小时关闭手机等电子产品，并将其放置在卧室以外的空间。

（4）寻找更多积极的方式来缓解压力，如阅读、运动、绘画、做手工等。

（黄颖林　汤艳清）

八

我的社交

44. 为什么我特别不喜欢社交

关键词：同伴交往　害羞　安全基地

在成长中，与人交往似乎是一种伴随着成长自然发展的能力。但有些少年发现自己与别人不同，很多时候会主动回避社交活动，并且经常担心别人对自己产生负面评价，不愿成为被关注的焦点，紧张的时候甚至还会感到各种身体不舒服。

专家说

社交对于青少年有哪些好处？

通常青少年都强烈希望能被好朋友或者更大的群体喜欢和接纳。当被接纳时，他们会产生愉悦感；被排斥或轻视时，则会产生很强的压力和焦虑。对绝大部分青少年来说，同伴是社交的主要对象，同伴群体可以提供家庭无法提供的有关他们所处“世界”的信息，青少年能从中获得关于自身能力的反馈，知道自己做得比其他孩子好还是不如他们。通过与同伴交往，青少年能够学会运用互惠模式来处理关系，即使与同伴产生分歧，也能从中探索一定的社交规则，同时，他们也学会了细心观察同伴的兴趣和观点，使自己能够顺利地融入同伴交往中。

哪些人不喜欢社交？

为什么会不喜欢社交？有的人会把不喜欢社交归因于“内向”“害羞”。实际上，不喜欢社交既有遗传等先天的因素（如天生内向），也有成长环境等后天的影响（如在社交情境中总是遭遇挫折）。不喜欢社交不见得是一个坏事，不同气质类型的人都有他们可以适应的工作与生活。只是在大部分的社会文化情境下，“不喜欢社交”会与“不好接触”“不讨人喜欢”“不擅长社交”等标签挂钩，从而会给人带来一定的社交上的阻力。其实，不喜欢社交的人不一定是害怕社交、不能社交，有可能只是他们不想。不过，也有一些不喜欢社交的人，表现为见人就会脸红，遇到人多的场合不敢与人对视、说话，这可能是因为我们对自己的社交表现要求过高，如：认为自己应当做到人见人爱；更关注自己在社交中的潜在的不良社交表现（如交谈时看到对方愁眉苦脸），习惯给自己负面评价；缺乏良好的社交技能，无法应对社交情境。如果对于社交情境的焦虑超过了正常的焦虑反应，甚至严重回避社交情境，并感到痛苦，则需要寻求专业的帮助。

健康加油站

家长怎么做才能预防孩子出现社交问题?

在孩子早期的生长发育过程中，除了适当的危险提示外。家长要正确引导他们与外界的互动，如多进行亲子抚触、模仿婴幼儿的表情进行回应、使用玩偶进行模拟社交游戏、陪伴其外出与陌生人接触等。家庭关系的稳定和家庭成员的包容是非常重要的，有了稳定的“安全基地”，孩子才能敢于带着兴趣去探索他们的新环境，进而建立起交往的能力和安全感。家长在亲子教育中的参与以及挑战性的示范，如鼓励孩子多走出家门，做一点有挑战的事情，能帮助孩子降低其社交焦虑风险。

（钟　慧）

关键词

人际敏感　社交焦虑　暴露治疗

45. 为什么我在**人多**的环境中特别**不自在**

青少年的内心总是向往“自由”，期待摆脱大人们的控制，期待能证明自己的能力，期待能随心所欲地生活。但随着长大，也许你会慢慢发现，当有别人在的时候你可能会出现人际敏感，总在意别人的感受与评价。或人多的时候，可能就会觉得身不由己，总是担心做出和别人不一样的事，成为人群的焦点，害怕出“丑”。此刻的“你”是否就如前所述？在人多的环境中会特别不自在？

专家说

“社交焦虑障碍”是什么？

社交焦虑障碍又称作“社交恐惧症”，是一种显著、持续的对社交或一些自我表现的恐惧。认为他人会对自己有负面评价，因此害怕和回避社交活动或者情境。一般起病在儿童青少年时期，平均起病年龄为 13 岁。具体的表现包括：对于社交场合和与

人接触表现恐惧；出现回避性行为，如常常拒绝或不愿去自己害怕的地方、不参加集体活动等，因此可能会影响正常入学和交往，给青少年和家长造成困扰。

为什么会患上“社交焦虑障碍”？

社交焦虑障碍目前并没有确定的原因，可能和以下的因素有关。首先是遗传因素，如果父母也有类似的表现，孩子出现的概率就会变大；其次是个性因素，如行为被动、害怕负面评价；最后是环境因素，尤其是家庭环境因素，如在儿童期或更早的年纪受到虐待或忽视、经历较多心理上的逆境。

健康加油站

怎么做能改善社交焦虑障碍?

对青少年来说，可以先列出自己社交上的优点缺点，并邀请家长、熟悉的同学共同完善优缺点清单；其次，逐步参加小团体 / 社团活动，在对于团体活动的选择上由小至大、由短期至长期，观察他人的互动方式，并通过日记记录下来。对家长来说，首先，家长要尝试理解并接纳孩子的情绪，多倾听少评论；然后，通过建立小范围的社交活动逐步引导，应用角色扮演等方法降低孩子的社交压力，给予及时的鼓励；还可以通过建立孩子的自我认同培养其内在的安全感。如果社交恐惧始终难以缓解，可以尝试与精神科医师、心理治疗师等专业人士沟通，寻求支持。

（苏柯举　宋学勤　钟　慧）

关键词

应激反应　自主神经系统激活　呼吸放松训练

46. 为什么我在有**陌生人**的场合讲话会觉得**心慌**、大量**出汗**，甚至**呼吸急促**

很多人认为社交问题、焦虑障碍都是心理问题，每次经历时自己也都知道，并很想控制，但往往越想控制越做不到，因为此时身体会有很多的反应，如心慌、大量出汗、身体抖动、腹部不适、头晕，甚至出现呼吸急迫，而这些反应又会加重原有的焦虑。这其实是身体的应激反应，对于有社交焦虑障碍的青少年，在有陌生人的场合讲话时，焦虑会自然产生，此时会激活体内的自主神经系统，进而产生多种身体反应。

专家说

应激状态下我们会如何反应?

人类和地球上的其他物种一样，会出现本能反应。爬行动物如蜥蜴，没有记忆，没有计划性，也没有什么要学习，控制它一切行动的是本能。随着物种进化，

哺乳动物发展出“脑边缘系统”，感知情绪。人类则具备更高级的“认知脑”，可以思考、执行、计划。当面对危险时，我们身体做出反应的并不是“认知脑”，而是更接近生存需要的本能反应和情绪反应。此时，会出现三种表现：战斗、逃跑和僵住。与危险继续抗争，回避危险，或出现假死状态（僵住不动），这都是了不起的生存智慧。

焦虑、恐惧时身体为何会有反应？

对于有社交困难的青少年，在有陌生人的场合讲话会出现焦虑、恐惧等情绪，此时自主神经系统会被激活，其中主要是交感神经系统反应，此时身体的一系列反应是为了让血液更快地输送到全身各处，为身体可能“战斗或逃跑”做准备。比如心跳加速、血压升高，保证血液能更好地灌注重要器官；呼吸加快，以摄取更多氧气来供给身体组织；出汗可以帮助调节体温，因为情绪紧张导致身体内部产热增加，通过出汗能散热，让身体机能保持稳定。

健康加油站

如何应对社交场合的身体不适反应？

自我暗示“我可以”“我能面对”等缓解情绪

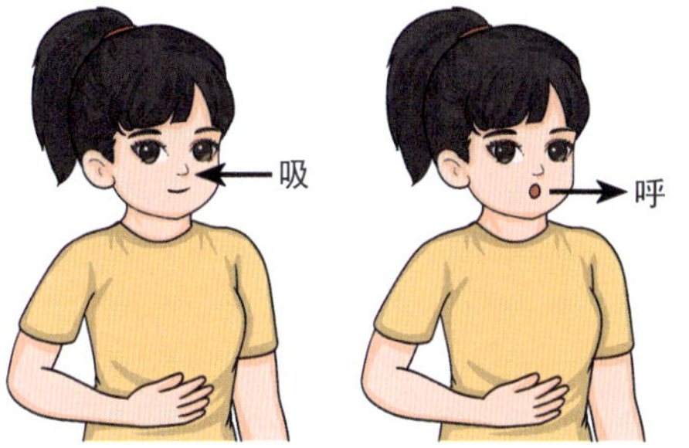

慢慢用鼻子吸气，让空气充满整个肺部，感觉气息从腹部一直上升到胸部上方，持续3~5秒，屏住呼吸1~2秒，然后用嘴巴缓慢呼气，持续3~5秒，感觉身体的紧张感随着呼气被释放

（钟　慧）

关键词

回避行为　不想上学

47. 为什么我在学校和别人发生了冲突会不想去学校

人际交往对青少年来说非常重要。如果发生了很大的人际关系矛盾，比如，与朋友冷战、吵架、校园霸凌等，青少年会出现回避行为，如害怕出门，不敢与人交往，不愿去学校上课、不敢发言，希望尽快逃离害怕的环境。如果被强迫去面对自己害怕的社交场合，则会设法尽早离开。回避可以帮助青少年避免出现不良的情绪和身体反应。

专家说

为什么回避行为总是存在?

回避危险是人类的本能，也是我们处理危机的一种方式。因此，当社交场合让我们感到焦虑、身体不适时，大脑会自动识别威胁刺激，快速传递到大脑中的杏仁核，保证身体对恐惧刺激作出迅速反应，回避就是身体的自我保护，对包括人在内的所有生物的生存十分重要。人类大脑中刺激还可以通过多个脑区传递到相应的大脑皮质，此时我们会主动调整认知，对社交场合是否需要恐惧进行评估，控制情绪，决定是否采取回避行为。如果回避行为总是出现，则提示大脑的认知始终不能调整到和周围人一样的状态，或者也没有通过思考产生新的应对策略。

认知为何会引起情绪和行为的变化?

人的情绪和行为并不是由事件本身直接引起的，而是由人们对事件的认知决定的。比如在社交场合发言，如果你认为这是展示自我、提升能力的好机会，那情绪可能是兴奋、愉悦、充满自信；如果你担心出错、怕被人嘲笑，就会感到紧张、焦虑，甚至会逃避社交场合。因此，我们对事情的认知最终决定了我们的情绪和行为。

健康加油站

如何回到学校?

我们需要明确自己回避的情境是什么，需要面对的人际关系有什么特点，提前学习人际交往的技巧，为自己制作预案。如果是发生过比较严重的冲突，如校园霸凌、与老师严重的争吵等，我们还可以寻求家长和其他老师的帮助。

（钟　慧）

第四章

拥抱阳光

一

心理治疗知多少

1. 为什么医生建议我做**心理治疗**

关键词

心理治疗　家庭治疗

当儿童青少年出现情绪或行为问题时，症状较轻时，医生会建议其先接受心理治疗，而对于病情较严重者，药物联合心理治疗也是不可或缺的。这充分体现了心理治疗在儿童青少年中的重要性。心理治疗就像一把温柔的“调节工具”，不仅能帮助孩子厘清内心的“乱麻”，还教会他们用恰当的方法面对问题。对于正在成长的儿童青少年而言，这种方式既安全又契合他们的成长节奏，就像在引导一棵小树茁壮成长，始终向着阳光前行。

专家说

什么是心理治疗?

心理治疗是指经过专业训练的治疗师运用心理学理论和技术，通过与来访者建立良好的治疗关系，帮助来访者改善心理困扰和促进积极成长的过程。它不仅关注问题根源的探索与解决，还注重激发和调动来访者自身的优势与潜能。研究表明，对于儿童和青少年常见的心理问题，如焦虑、抑郁、行为问题、学习压力、人际冲突、适应障碍以及创伤后应激障碍，心理治疗能够提供科学、长期有效的干预。通过帮助儿童青少年表达情绪、探索内心世界、发展解决问题的能力，并引导家庭共同面对和解决问题，心理治疗可以为儿童青少年的心理健康提供重要支持。常见的治疗方法包括认知行为疗法、家庭治疗、游戏治疗等。

心理治疗为什么适合儿童青少年?

心理治疗能够帮助儿童青少年用恰当的方式处理情绪和行为问题，特别是对于由家庭、校园暴力或学业压力等因素引发的创伤，良好的心理治疗可以用符合儿童青少年的身心发育特点的方法，帮助他们应对成长中的挑战。心理治疗的方式有很多，有些通过改善认知和行为模式，有些有助于认识和理解自己的情绪反应模式，有些利用与治疗师互动中的矫正性体验，有些帮助学习新的行为技能等等；有些还会联合促进家庭和学校环境的积极变化，为儿童青少年提供健康的成长环境。心理治疗不仅能解决眼前问题，还为未来的挑战做好准备。

健康加油站

心理治疗初体验：如何轻松开启你的第一步?

当你准备迈入心理治疗的大门，可能会感到有些紧张或困惑，这很正常。以下是一些建议，帮助你更好地迎接第一次心理治疗。

（1）带上真实的自己：心理治疗不需要完美表现，也不需要隐藏感受。治疗师是来帮助你的，就像和你信任的朋友聊天一样，你可以放心地表达自己的感受。带上真实的想法、担忧和困惑，这已经是一个很好的开始。治疗师会尊重你的隐私，不会评判你的想法和行为等，所以尽量敞开心扉，坦率地表达自己的内心世界。

（2）试着回忆，大胆提问：在治疗前，你可以试着回忆一些让你困惑、难过或开心的事情，把这些经历带到治疗中。如果暂时没有头绪，也不用担心，治疗师会耐心引导你打开话题。对治疗过程中的任何疑问，都可以大胆提问，治疗师会细心解答，帮助你更安心、更自信地参与每一阶段的治疗。

（3）合理期待，保持耐心：每个人的心理状态和成长节奏都不同，因此治疗的进展也会有所差异。如果在治疗过程中感到不适或不想继续，可以及时告诉治疗师，他们会根据你的需求调整节奏，帮助你感到更舒适。心理治疗是一个循序渐进的过程，可能一开始看不到明显的变化，但随着治疗的深入，你会逐渐学会更好地管理情绪和解决问题。给自己一些时间，相信治疗师会引导你迈向更健康的心理状态。

（4）积极参与每一步：治疗的过程中，你可能会遇到一些小挑战，比如需要做一些日常练习。虽然，这些可能有点难，但它们是帮助你改善心理健康的工具。尽量按时完成这些任务，或者把你的困难反馈给治疗师，无论如何，治疗师都会帮助你一步一步地取得进步的。

有意思的是，以上这些建议其实也不用都记住，因为它们都不是心理治疗的硬性标准。事实上，心理治疗过程因为来访者的差异而存在很大不同。心理治疗更像是一场探索心灵的旅程，你只需要放松自己，去感受每次治疗后的内心变化，体验自己慢慢成长的过程，就像种子发芽一样，为你的心灵浇水施肥，使其向阳生长。希望你在这段旅程中，收获温暖和力量，用这些美好的体验，去治愈未来人生中的每一个阴雨天。

（何 凡）

2. 为什么心理治疗**有用**

心理治疗对青少年来说，就像一个多功能的工具箱，里面装满了帮助他们恢复心理健康的“工具”。认知行为疗法给大脑装了一个“纠错工具”，修正那些消极、扭曲的想法；游戏疗法提供了一把“情绪钥匙”，通过游戏表达内心的真实感受；心理动力疗法在杂草丛生的森林里进行一场“内心的探险”，引导孩子们走进深藏的情绪世界，发现隐藏的想法；行为治疗作为一名“修理工”，帮助孩子们调整不良的行为习惯，恢复到更好的状态；创伤干预治疗为心理伤口敷药，愈合内心的创伤，恢复心理健康。不同的治疗方式各有侧重点，发挥着各自的独特作用，共同为青少年铺设了通向心理健康的道路，使他们在温暖、安全的环境中茁壮成长。

心理治疗要持续多久?

心理治疗的持续时间因人而异，通常取决于多个因素。首先，治疗的目标和治疗的难易程度会影响治疗的时长。如果孩子面临的是一般的心理问题，如轻度的焦虑或压力，通常可以在几周到几个月内看到显著进展，短期治疗即可产生效果。而对于一些复杂的情绪困扰、行为问题或创伤后应激反应等，治疗可能需要更长的时间，通常为几个月到半年或更久。其次，治疗的频率也是一个关键因素。大多数情况下，心理治疗会每周进行一次，但如果问题较为严重或紧急，治疗频率可能会增高。随着治疗的进展，治疗师和孩子、家长会一起评估情况，逐步调整治疗频率。

心理治疗可以替代药物治疗吗?

心理治疗不能完全替代药物治疗，二者是互为补充的“好搭档”。如果焦虑、抑郁等症状严重时，药物治疗充当着“紧急救援”的角色，能够迅速缓解症状、平稳情绪，并调整大脑的神经递质平衡，为心理治疗创造良好的基础。如今，药物联合心理治疗已成为许多儿童青少年心理疾病的首选治疗方案。药物治疗提供较快的症状缓解，而心理治疗帮助孩子深入理解情绪和行为，找到长期的解决办法。通过综合治疗，孩子不仅能快速应对眼前的困扰，还能在治疗过程中获得持续的成长与改变。

健康术语

非理性信念

非理性信念是指那些与现实不符、缺乏合理根据，或者明显不合逻辑的信念。这些信念通常会引发情绪困扰、负面行为，或加剧个体的心理问题。非理性信念包括以下三类。

（1）绝对化要求：认为某一件事件必定会发生或不会发生，常常带有“必须”和“应该”的特点，如“我必须获得成功”“每个人都应该理解我”。

（2）以偏概全：即凭借自己做某一件事所产生的好坏结果来评价自己或他人的价值，如一件事没做好，就觉得自己一无是处。遇到一件不公平的事，就推理出“这个世界没好人了”。

（3）糟糕至极：即认为事件的发生会导致非常可怕的或灾难性的后果。如：一次考试失败后就断言“自己的人生已经失去了意义”。

（何　凡）

3. 为什么我生病了，却要爸妈和我一起治疗

在儿童青少年心理治疗过程中，治疗师往往会要求家长加入，有时，治疗师还会布置家庭作业，并在后续接诊时检查。许多孩子都有这样的疑惑，为什么自己生病了却要爸妈一起治疗呢？小的时候我们学过“孟母三迁”“岳母刺字”“诸葛亮诫子”等故事，可见家庭环

境对子女的深刻影响。近年来，人们也热衷于探讨“原生家庭”，阿德勒的“幸福的人一生都被童年治愈，不幸的人一生都在治愈童年”也广为流传。家庭是社会的缩影，也是一个小的系统单位，一个家庭成员生病，很有可能是由其他家庭成员的影响所导致，同时病情也会影响其他家庭成员。家庭治疗以家庭为单位，在系统中解决个体问题，促进个体和整个家庭系统的健康发展。

专家说

什么是“家庭治疗”?

家庭治疗，诞生于20世纪50年代，在此之前，心理治疗一直针对患者个体，直到一项研究发现家庭关系对精神疾病发病有一定影响后，家庭才进入治疗师的视野。家庭治疗以系统理论为基础，以家庭为干预单位，通过会谈、行为作业及其他非言语技术去改变家庭成员间不良的互动模式，进而从根本上解决个人的问题，减少或消除患者个体的心理疾病表现，促进和提升个体发展和家庭系统功能的心理治疗方法。

为什么要进行“家庭治疗”?

家庭是一个系统，牵一发而动全身。既往大量的研究表明，家庭是许多精神心理疾病发病的原因或诱因，并在疾病的治疗康复上有着重要的影响。在儿童青少年精神科的许多案例中，即便在心理治疗师对个体进行一对一的治疗后，孩子的情况得到了好转，当孩子回到原来的家庭环境中，极有可能会再次生病。同时，孩子的疾病也会给家庭其他成员带来巨大的影响。家庭治疗将通过治疗师的引导，帮助成员理解彼此的认知、情绪和行为，协调家庭成员间的互动模式，有利于孩子的功能恢复，也促进个体和家庭的共同成长。

健康加油站

家庭治疗适合哪些人群?

在针对儿童青少年的心理治疗方面，治疗师一般会力争进行家庭治疗。父母关系、亲子关系、家庭相处模式、危机应对方式等家庭问题都会是疾病的诱因之一。与此同时，青少年正处于生理、心理急剧变化的阶段，在家庭、学校等社会环境中也会遇到各种困难，因此青少年更容易出现焦虑、抑郁、人际冲突等问题，甚至出现严重的精神疾病。家庭作为一个系统，对个体的成长和发展发挥着至关重要的作用。一般而言，青少年的各类心理和精神问题，家庭治疗皆适用，并常常作为基础性的治疗。

需要注意的是，精神分裂症、双相障碍等严重精神疾病需要及时就医，在精神科医师的指导下进行必要的家庭治疗。

（何　凡）

4. 为什么**我**一周要治疗 3 次，而**别人**一周只需要治疗 1 次

在接受心理治疗过程中，很多孩子会疑惑为什么自己的治疗比别人频繁？其实这就好像同时感冒的一家人，使用了相同的感冒药，但

可能有的人吃了有用，有的人却没有用，治疗时长也可能不一样。其中的原因涉及方方面面，每个人体质不同，对药物的反应也有不同。心理疾病与此类似，不同人得病的原因不同，面临的环境不同，严重程度不同，适用的心理治疗方法和频率也不尽相同。

专家说

“心理治疗”的频率?

在询问治疗师心理治疗多久一次比较好时，治疗师大概率会回答每周 1~3 次，这是由过去许多年大量的实证研究所得出的结论。从生理学基础上讲，心理治疗通过学习影响突触联结建立新的神经环路，促进长期的行为变化，而神经环路的建立需要大量练习和多次重复。然而，频率并不是一个固定的数值，它取决于多种因素，包括但不限于来访者的具体病情、治疗目标、治疗师的建议以及来访者的个人需求和偏好。不同来访者面临着不同的困难，造成这些困难的原因可能是多种多样的，可能是因为外界环境变化的影响，也可能由个人的性格特质导致。心理治疗让来访者可以从原有环境脱离出来，并试图调整和改变来访者的认知、行为以更好地适应外界环境。而人格特质是经过多年时间所形成的，想要改变就更为困难，需要更长的时间和更高的频率。与此同时，治疗师在前期需要与来访者建立关系，在治疗前期通常需要较高的频率；但在后期，随着来访者症状逐渐改善，可以逐渐过渡到较长的时间间隔。此外，治疗师的专业背景和理论流派也会影响治疗频率的设定，一些治疗师更倾向于采用短期的密集治疗，而另一些则可能更倾向于长期的、持续的治疗方式。

最重要的是，治疗频率应该根据来访者的具体情况和治疗进展灵活调整。在治疗过程中，治疗师会定期评估来访者的进展，并根据需要调整治疗计划，包括治疗频率。

为什么不同人接受的心理治疗频率不同？

不同来访者的病情不同，个人背景不同，需要解决的问题、面临的困难不同，治疗师会根据不同来访者的情况选择适合的心理治疗方法，在与来访者及家属进行沟通后拟定个性化的治疗方案。而具体的治疗方案，治疗的频率需要治疗师根据来访者的具体情况，进行个体化调整，且不同的心理治疗方法的治疗疗程及频率皆有所不同。

（何　凡）

5. 为什么心理治疗要限制时间

关键词：心理治疗　治疗设置　时间限制

有的青少年终于约到了心理治疗，有很多苦恼等着跟治疗师说，可是50分钟以后，治疗师却说：“今天的治疗先到这里。”这时，很多人会困惑：为什么心理治疗要限定时间？让我花两三个小时一口气说完不好吗？

专家说

心理治疗中的时间限制是基于心理学原理和实践需要。心理治疗是一种长期稳定的专业关系，稳定的频率和固定的时间会给来访者带来安全感——他知道在这个时间会去见治疗师，他也知道何时可以离开——这会给人以安全感，而安全感让人能够放心投入在心理治疗中，从而获得理解与改变。时间的设定也可以帮助来访者学会独立解决问题。如果时间无限制，来访者可能会过度依赖治疗而忽视自我调节的能力。正因为每次治疗时间有限，治疗师和来访者才会更加专注于最重要的问题。研究显示，治疗时间限制能有效提升治疗效率，避免过多的无关讨论。此外，适当的时间限制有助于防止情感消耗过度，因为治疗中不可避免会触碰到痛苦的经历。对治疗师来说，需要在见下一个来访者之前进行休息、记录和回顾。如果一个单独的案例每次需要花费太长的时间，不仅会影响这个来访者的心理治疗，也可能影响治疗师在其他案例中的工作质量。心理治疗不仅仅是宣泄，在治疗之外，同样需要治疗师和来访者思考治疗中的情况，从而更有效地推进心理治疗的进程，促进来访者的个人成长。

什么样的心理治疗时长合适呢？一般一次心理治疗的时间是45~60 分钟，家庭和团体治疗可能会 90 分钟一次；治疗频率一般是一周 1~2 次，精神分析的治疗方法可能会一周 3~5 次，而侧重支持性的心理治疗可能两周到一个月一次，这取决于使用哪种心理治疗方法。

（李　煦）

6. 心理治疗做了这么久怎么还**没好转**

有的青少年会和父母、朋友抱怨："我每周都要去接受心理治疗，已经一个多月了，可是我感觉自己的生活还是没有发生任何改变，我做的会不会是假的心理治疗？"

专家说

许多人在接受心理治疗一段时间后，可能会觉得进展缓慢，甚至怀疑治疗的效果，这是正常的反应，因为心理治疗的目标是让我们了解自己、调节情绪和认知、改进行为模式，而这些都需要时间和耐心。有的问题可能是长时间积累下来的，因此需要更长的时间治疗才有可能发生改变。在没有充分掌握方法之前，面临生活中不断出现的问题和冲突，我们可能会感觉到自己仍然无法面对这些令人困扰的问题，所以认为自己并没有好转，这种情况需要逐个对情境进行分析。此外，认为治疗做了很久还没好转也可能和心理期望有关。有时候我们会对心理治疗抱有过高的期待，而期待不能被满足的时候我们就会感受到挫折。如何应对这样的挫折，也是心理治疗中很重要的一部分。我们可以向治疗师表达我们的感受，和治疗师一起讨论，从而找到理解和应对挫折的方式，并将其应用到应对日常生活的挫折之中。心理治疗如果能让我们更好地理解自己、改善对待问题的方式、提升处理情绪的能力，也是一种转变，但这种变化往往不如直接解决问题那样明显，但它从长远来看是更有意义的进步。

健康加油站

如果你觉得心理治疗进展缓慢，不妨试试以下几个方法来调整自己对治疗的心理期望。

（1）给自己设定合理的期望，理解每一阶段的变化和进步，哪怕这些变化是微小的。

（2）给予自己更多的耐心，注意情绪上的细微变化，也可以试着记录自己的日常生活，寻找哪怕是一些小小的变化。

（3）如果你感到治疗进展不大，可以和治疗师讨论你的感受。有效的沟通能帮助你更清楚地了解自己的进展，也有助于调整治疗的方向。如果真的没有令人满意的转变，你也可以和治疗师讨论结束治疗，或者转介到其他更匹配的治疗师那里继续接受心理治疗。

（李　煦）

关键词　心理治疗方法　个性化方案

7. 为什么我的心理治疗**方案**和别人**不一样**

有的青少年可能会有疑问，为什么自己接受的心理治疗方法和其他人不同？其实，这和人的心理状况、生活经历、性格特征和需要解决的问题有关。心理治疗方法不同，是因为心理治疗师需要根据来访者的情况，提供个性化方案。

专家说

治疗师会根据青少年的具体情况，如问题的类型、严重程度、个人背景和需求，选择最适合的方法。即使是相似的问题，每个个体的反应和表现都可能不同，所以治疗方案也需要因人而异。治疗师会根据自己的专业知识和经验，对来访者的情况做出评估，并选择最合适的治疗方式。比如，对于情绪问题较为突出的青少年，治疗师可能会更侧重认知行为疗法（CBT）来帮助他们改变负面思维模式；而对于情感创伤或深层心理问题的青少年，可能会选择更深入的心理动力学治疗。每个治疗师的技术和方法可能会有所不同，这既和治疗师的受训背景有关，也和心理治疗需要给予个性化方案有关。除了上述心理治疗方法外，还有很多其他的心理治疗方法，包括团体治疗、家庭治疗、艺术治疗等。每种方法都有其独特的治疗理念和技术，并且适应不同的心理问题和人群。治疗师会根据青少年的具体需求和治疗目标，选择最合适的方法。有时，治疗师也会结合多种治疗方法，以期达到最佳的治疗效果。

健康加油站

如果你发现自己的治疗方法与别人不同，不妨考虑以下三点。

（1）提出疑虑： 你可以与治疗师沟通，此时得到的结果可能有两种，一种是理解了使用该方法的原因，抗拒的情绪减轻了，另一种是治疗方案的确有必要调整，这时治疗师会根据反馈调整治疗方案。

（2）关注个人进展：心理治疗方法要想起到作用，来访者和治疗师的努力都是必不可少的。作为来访者，你需要做的是保持耐心，充分观察和发现自己的微小进步。心理治疗的效果是循序渐进的，因此获得改变的关键在于坚持治疗和自我觉察。

（3）了解治疗方法的多样性：你可以主动了解不同的心理治疗方法，这有助于你更好地理解治疗师所用的治疗方法，并对其产生更积极的态度。

（李　煦）

8. 心理治疗可以**想来就来**，**想不来就不来**吗

有的青少年在心理治疗的过程中常常遇到这样的苦恼：今天起床起不来，不想来做心理治疗；最近一周没有问题，不想来见治疗师……当他们把这些原因告诉心理治疗师，却被劝说还是要来做治疗。部分青少年可能会不服气：为什么我不能想不来就不来呢？

专家说

频率稳定地进行心理治疗是一种治疗契约，它关乎心理治疗的效果。心理治疗是一个渐进的过程，治疗的效果通常需要时间的积累。心理治疗中治疗师和来访者之间建立的信任关系是治疗的前提，但信任关系的建立是逐步发展的，不规律的心理治疗会影响信任关系建立的速度和深度。此外，心理治疗是逐渐深入展开的。通过规律的治疗，治疗师能够更好地了解到来访者的进展。如果治疗不规律，治疗师可能会错失重要的信号，也可能无法为你提供及时有效的支持，从而影响治疗目标的实现。当然，如果青少年在规律地进行了一段时间的心理治疗之后不想继续了，也可以和心理治疗师讨论后结束治疗；同样，如果停止治疗一段时间，又有了心理治疗的需求，仍然可以重新回到心理治疗中。

健康加油站

青少年不愿意规律地参加心理治疗可能是因为以下这些背后的原因，青少年自己可以看看“我是这样想的吗”“这样想其实是不是有失偏颇”，家长也可以根据以下几个方面观察孩子的实际情况，需要时主动与心理治疗师讨论，有针对性地解决问题。

（1）对心理治疗有抗拒：这种抵触可能是对于改变的抗拒，也可能是面对心理困扰感到害怕或羞愧，也可能是对心理治疗本身有一些消极的看法（例如，这是父母让我来的，不是我自己想来的）。

（2）对心理治疗缺乏信心：有的人认为“心理治疗师会告诉我我该怎么做”，如果治疗师没给明确的建议，青少年就会丧失信心，认为治疗没用。实际上心理治疗只帮助你理解自己、提高技能，但改变自身，需要你自己的努力。如果认为心理治疗没用，不妨跟心理治疗师谈一谈。

（3）缺少心理治疗的目标感：对于那些被父母或者老师安排来参加心理治疗的青少年，很重要的一点是——即使被动地到来，也要积极地找到属于自己的目标。目标明确了，才会更愿意积极地投入到心理治疗中。

（李　煦）

9. 为什么我经常看到有人**哭**着从**治疗室**里走出来

在心理治疗的场所门外，经常会出现这样的一个画面：青少年红着眼眶，泪水难以抑制地涌出，脚步沉重而缓慢地走出来。这种现象可能让人感到困惑和担忧，但实际上，哭泣可能是心理治疗过程中的一种自然反应，也是情绪的自然流露。

专家说

在治疗过程中，来访者可能会经历一系列情感波动。这是因为心理治疗通常涉及对个人深层次问题的探讨和处理。在这个过程中，来访者可能需要面对一些过去未解决的问题或创伤，这可能引发强烈的情感反应。例如，当来访者在治疗过程中回忆起过去的创伤经历时，他们可能会感到极度的痛苦和悲伤，甚至哭泣。

如何理解在心理治疗中出现这样的情绪释放呢？首先，情绪释放是心理治疗的一个重要环节。通过允许自己表达和感受这些情绪，来访者可以更好地认知和理解自己的内心世界。其次，哭泣本身也是一种身体和心理上的缓解方式，可以帮助人们缓解紧张感和压力，释放积累的情绪能量。此外，治疗师通常会提供一个安全和支持的环境，让来访者可以放心地表达自己的情绪而不必担心被批判或拒绝。

青少年时期本就是一个内心世界极为复杂且敏感的阶段。他们处于儿童与成人的交界地带，面临着身体快速发育与心理逐渐成熟的双重挑战。在心理治疗室中，那些被他们在日常生活中努力压抑、隐藏的情绪和困惑，终于有了可以释放与被剖析的空间。或许是长期承受着学业压力的重荷，面对频繁的考试、堆积如山的作业以及升学竞争的激烈，他们内心的焦虑、无助与疲惫在治疗师的引导下如决堤的洪水般涌出。当他们诉说着挑灯夜战的辛苦，对成绩的担忧，对未来的迷茫时，那种深深的无力感会让泪水难以抑制。其实，哭泣也是一种自我疗愈的方式，情绪能得到很好的释放，本身就是心理治疗在起作用的表征。

（孙锦华　沈淑琴）

关键词：药物治疗　心理治疗　停药

10. 为什么我都**停药**了还需要做**心理治疗**

在青少年心理健康的康复之路上，常出现这样一种情形：青少年感到精神心理症状得到明显改善，恢复了正常的学习与生活，并且医生已经建议其逐渐停药，但他 / 她仍需要继续进行心理治疗。

专家说

药物治疗，在很多时候能够有效缓解青少年精神心理疾病的症状，例如抗抑郁药物可以调节大脑中的化学物质，减轻抑郁情绪和焦虑感受，使他们的情绪状态在短期内得到改善。然而，药物主要是针对生理层面的干预，而一些心理疾病的根源往往是多因素的，除了生物学因素，一些病因还往往会深植于心理、社会和认知等多方面因素的复杂土壤之中。在药物治疗后，虽然精神心理症状得到一定控制，一旦停药之后，这些潜在的根源问题可能依然存在，这如同隐藏在海面下的冰山主体，随时可能再次引发情绪的波动与心理的危机，这就凸显出通过心理治疗来解决冰山主体（心理社会因素）的必要性和重要性。

健康加油站

当青少年困扰于停药后仍需要心理治疗时，家长需要注意如下事项。

（1）青少年时期，人的性格、三观和社交能力都在快速发展。在患病期间，无论是抑郁症、焦虑症还是其他心理障碍，都会使他们的成长受到干扰。比如变得不爱社交，不知道怎么和同龄人做朋友，没办法融入集体。心理治疗能帮他们解决这些问题，让他们学会社交，变得自信，不再害怕与人交往，慢慢恢复正常社交，使其身心健康发展。

（2）很多青少年心理疾病和家庭环境、成长经历有关。像父母过度批评、忽视、溺爱等不良沟通模式，易让青少年产生心理问题。心理治疗时，治疗师会引导青少年和家人探讨家庭关系问题，促进沟通，建立健康的互动模式。停药后，家庭环境仍影响青少年心理，心理治疗能不断调整家庭关系，营造稳定的支持性氛围，从根源预防心理问题复发。

（3）从认知层面来看，青少年在经历心理疾病后，往往会形成一些负面的思维模式和认知偏差。例如，他们可能会过度悲观地看待自己的未来，认为自己永远无法摆脱疾病的阴影，或者对自己的能力产生严重的怀疑。心理治疗则帮助青少年识别并纠正这些不合理的认知，重塑积极的思维方式。在停药后，巩固和强化这些新的认知模式对于预防疾病复发至关重要，而这离不开心理治疗师的专业引导与支持。

总之，青少年停药后继续进行心理治疗，是为了深入挖掘并解决心理疾病背后的根源问题，促进其心理成长与社会适应能力的提高，预防疾病复发，从而实现真正意义上的心理健康。

（孙锦华　沈淑琴）

二

药物治疗要不要

11. 吃了精神科的药，我怎么秒变"瞌睡虫"啦

关键词

精神科药物 镇静作用

不少精神科患者复诊时诉苦，说吃了药后，困意说来就来，根本没法好好学习，每天晕晕乎乎，别提多难受了。这"罪魁祸首"，就是药物的镇静作用。

常见的精神科药品，不少都有类似效果。像苯二氮䓬类，能让大脑"迟钝"、促进睡眠，常被用来帮患者镇定。抗抑郁的阿米替林、米氮平，抗精神病的奥氮平、氯丙嗪，还有稳定心境的丙戊酸钠、碳酸锂，都能让人昏昏欲睡。由于药品剂量不同，每个人对药的耐受各异，因此有些患者服药后就被"瞌睡虫"缠上啦！

专家说

精神科药物是如何让我"昏昏欲睡"的？

精神科药物的镇静作用，和身体里一些特殊"开关"有关。有的药会堵住让人清醒的"开关"，有的让清醒"开关"失灵。药物通过作用于这些"开关"，从多方面发挥效果，让大脑部分异常活跃的区域"强制关机"，帮助患者缓解精神问题。

用药后打瞌睡，影响学习怎么办？

如果吃了精神科药物后打瞌睡，严重影响日常生活，可试试调整服药时间。比如，把原本一天分次规

律服用的药，改成晚上一次服用，或者拉长白天服药的间隔。但得注意，这些调整必须在专业医生指导下进行，千万别自己随便更改服药方案，不然很可能耽误病情，影响治疗效果。

药物的镇静作用越小越好吗？

并非如此。尽管药物的镇静会让患者注意力不集中，反应能力和记忆力下降，还会增加摔倒风险，但好处也不少。对于情绪激动的患者，“迟钝”能防止他们自伤或伤人；部分抗抑郁药的镇静效果，能帮患者放松身心、改善睡眠，助力病情好转；疾病发作时，还能保护大脑，降低应激伤害，对保障患者安全和促进康复至关重要。

健康加油站

出现镇静反应的处理方法有哪些？

若明确有镇静反应，需要先评估严重程度。若是轻微打瞌睡，可继续观察，身体会逐渐适应；若已严重影响日常生活，可考虑减量，但务必在医生指导下谨慎进行；若减量无效，可咨询医生换药，选择镇静作用弱且能治疗病情的药物。另外，部分抗精神病药引起的嗜睡，可加用对应的拮抗剂进行调整，但这也需要医生判断适应证和用药剂量，以防新问题影响治疗。

（张　杰）

12. 对于精神类药物的使用，为何**不可任性**

关键词

精神类药物　个体差异　撤药综合征

一位精神障碍患者，由于不想让外人知道自己曾就诊于精神专科，便随意在网络上“寻医问药”，但由于个体差异等原因，不仅病情没得到缓解，反而出现了药物的不良反应。其实该现象在临床上并不少见，很多人因为对精神类疾病秉持着传统观念而耻于说出口，但当症状达到一定程度时，往往需要一些专科药物的帮助。而对于药物的使用，切记不可任意而为之。

专家说

对于药物，为什么不可以想吃就吃？

因为每个人都是一个独立的个体，所以对药物的敏感性或是耐受性也不同，这就需要专科医生根据个体情况并结合用药风险综合得出治疗方案。随意使用药物，会导致患者对药物的敏感度下降，同时也可能因为忽视了药物之间的相互作用，从而出现削弱药物疗效、增加药物毒性等不良反应。

我觉得症状消失了，怎么还不可以停药？

不少患者自觉恢复得差不多了，又秉持着“是药三分毒”的观点，故而直接停用相关药物。这是不对的，很有可能因为用药疗程还未达预期，导致刚消失的症状“卷土重来”。其次，停药方式也有讲究，如果忽然停用长期口服的药物，有很大风险会导致撤药综合征的发生，出现类似流感样症状、精神病性症状，甚至会有一些行为上的改变，易被误解为病情加重或是复发，为疾病的恢复和诊疗带来困难。

健康加油站

停药条件知多少？

首先，患者的治疗时间要达到足够的疗程，并观察一段时间，在此期间内症状未发生明显波动。其次，能够自主控制负面情绪和行为，与他人进行正常的社交，恢复独立生活和学习的能力。当满足以上条件后，还需要专科医生进行评估，制定符合个体化的停药方案。只要规范用药，配合医生的诊疗，相信患者终有一天可以“拨开云雾见天日，守得云开见月明”！

（张 杰）

关键词

药物治疗 疗程 依从性

13. 我感觉都恢复**正常**了，为什么还要继续吃那么久的**药**

没有人愿意长期服药，都希望能有一颗神药，吃下去解决所有问题，并且再也不用为疾病担忧。但遗憾的是，目前没有这么神奇的药物。尤其是在精神心理疾病方面，多数疾病的治疗都需要一个相对较长的疗程，每个人的情况不同，所需的治疗时长也是不同的。精神心理疾病多数都是慢性易复发性疾病，长时间的药物治疗可以减少复发风险，较好地维持精神健康，大量的临床经验及研究已经证实了这一点。

专家说

治疗精神疾病的药物疗程通常分为三个主要阶段：急性期、巩固期和维持期，每个时期的治疗重点又略有不同。

（1）急性期治疗是精神疾病治疗的初期阶段，此阶段的目的是控制症状，药物治疗从小剂量开始，逐渐增加至有效剂量。

（2）巩固期治疗是在急性期治疗之后，一般维持急性期药物剂量，主要目的是巩固疗效，防止症状复发。

（3）药物治疗的第三个阶段是维持期，主要目标是预防复发，逐步恢复社会功能，尽可能地恢复到病前水平。

疾病种类、症状特点、个体差异、是否首次发病 / 复发等因素会影响药物治疗周期。一般总的疗程不少于 1~2 年时间，有的 3 年以上。虽然每个指南推荐的疗程不同，但基本都认同用药持续时间越长，复发概率越小。

专业
术语

复发

复发一般是指症状达到临床痊愈标准且稳定一段时间后，原有症状再次出现或出现新发症状。

复燃

复燃是指治疗过程中尚未完全缓解或缓解后短期内，原有症状再次恶化或复现。

复发是新发作周期的开始，症状可能是前一发作周期类似的症状，有可能是不同的症状表现，而复燃是同一发作周期的延续，是当前发作周期未完全终止的表现，症状与原发症状高度一致。

（李传威）

关键词

个体化用药　药物选择

14. 为什么同样的病，他的药和我的药**不一样**

同样的疾病，在症状群上也有差异，每个患者的症状都有独特性，因此医生会依据患者个体特征选择不同的药物治疗。就像感冒一样，有的表现为喷嚏、鼻塞，有的表现为咳嗽、咽干、咽痛，所选用的药物也是不一样的。同样的病不同的药，需要从两个方面考虑，一个是患者因素，另一个是药物因素。同样是抑郁，有的以情绪低落为主要表现，有的以动力缺乏为主要表现，有的伴有失眠，有的伴有焦虑。同样是抗抑郁药物，改善抑郁情绪的同时，有的还可以较好地缓解焦虑，有的还能帮助睡眠，有的能提升兴趣。所以，不用去跟别人比较药物，相信医生会给你选择最适合你的药物。

专家说

精神科医生如何判断使用哪种药物?

医生在为患者制定药物治疗方案时需要经过详细的个体化评估。首先要评估症状特点，有哪些突出症状、发作形式、伴随症状等，依此选择大致的用药方向。用药还需要考虑患者的性别、年龄、体重，是否合并其他疾病，正在服用的药物是否有相互作用。还要评估既往用药史以及家族史，了解患者过去尝试过的药物及其疗效，以及家族成员中是否患有同种疾病以及他们使用过的药物及其疗效。药物成本及是否有医疗保险覆盖也是需要考虑的重要因素之一。

总之，药物选择需要综合考虑患者个人情况和多种因素，应与医生密切配合，找到最适合自己的治疗方案。

治疗青少年的精神疾病用药与成人有何不同?

当前获批用于青少年的精神科药物较少，临床治疗中超说明书用药是普遍现象，但这并非就是不安全或无效。多年的临床使用验证，绝大多数的精神科药物用于未成年人是安全并有效的。

青少年由于自身身体特点往往会导致药物代谢更快、利用度更低，用药常采用低剂量起始、缓慢加量的方法，但最终的药物剂量并不一定比成人低。另外，青少年处于成长的关键时期，需要更加关注药物相关副作用，尤其是代谢综合征、内分泌紊乱、过度镇静等方面的不良反应，因此需要尽可能地单一用药，更加频繁地评估药物副作用。同时，家长也需要充分发挥监督作用，避免患者漏服药或过量用药。

总之，药物选择需要综合考虑患者个人情况和多种因素，应与医生密切配合，找到最适合自己的治疗方案。

（李传威）

15. 为什么吃完药后我会不舒服

关键词：药物不良反应　药物治疗

俗话说“是药三分毒”，没有十全十美的药物，药物都是具有双重性的，治疗精神疾病的药物也不例外。有的药在带来疗效的同时往往也存在不良反应，医生选择药物就是在疗效与不良反应之间做平衡，因此青少年患者需要与医生充分沟通，根据自己的具体情况选择最适合自己的药物。

专家说

患者服药后感到不舒服的情况确实会在精神科疾病的治疗过程中出现。例如，恶心是抗抑郁药物常见不良反应之一，尤其是在用药早期，不过多数表现比较轻微。抗抑郁药物导致胃肠道不良反应的机制涉及多个方面，可能与 5- 羟色胺在胃肠道的分布有关，也有可能是抗抑郁药物影响了胃肠道菌群结构，或者是药物影响了胃排空功能。所以，吃了抗抑郁药恶心变得更严重了，有可能是药物不良反应与原有的症状叠加在一起所引起的。但是不用担心，这种胃肠道不良反应一般是自限性，随着时间的推移，基本都会逐步消失。为了避免这些不良反应，可以尝试小剂量起始用药，等身体适应后再逐渐加量。服药过程也要注意避免辛辣、油腻食物，戒烟酒，适当运动，也有助于减轻药物不良反应。

健康加油站

如何在服药过程中，把药物不良反应减少到最小呢？服用药物的过程中，需要定期监测心率、血压等生命体征，以及血常规、肝肾功能、血脂血糖、激素水平、药物浓度、心电图等实验室指标，患者也应与医生密切配合，有任何不适症状及时报告，便于采取适当的措施干预药物不良反应。其实，随着科学技术的不断进步，精神科药物的副反应越来越可控，只要规律就诊，定期评估不良反应，一般都可以避免发生严重药物不良反应。

（李传威）

关键词

个体化治疗　非药物治疗

16. 为什么**我**需要吃药，**别人**却不需要

疾病的性质、症状的严重程度、个体差异等决定了治疗方式的选择，治疗方式主要有药物治疗、非药物治疗，非药物治疗又包括心理治疗、物理治疗、生活方式干预等。症状的严重程度是决定是否用药的重要因素，像重度抑郁症患者，药物治疗通常更为必要，因为单一的心理治疗或其他非药物治疗手段往往难以有效缓解其症状。

关键词

重要性 药物

专家说

不吃药，只通过心理治疗可以治疗抑郁吗？

抑郁的治疗通常需要综合考虑药物治疗和心理治疗。虽然，有一些临床研究表明心理治疗在某些特殊情况下可以单独使用，但大多数研究和临床实践表明，心理治疗要与药物治疗相结合才能获得更好的疗效。是否可以单独心理治疗，主要还是取决于抑郁症状的严重程度。如果是较轻的抑郁症，是可以暂时不用药物干预，通过心理治疗，尤其是认知行为疗法帮助患者识别和改变负面思维模式，增强应对策略，从而改善情绪状态。但如果是中重度抑郁症，药物治疗是不可或缺的一部分。

（李传威）

17. 为什么我老是会**忘记吃药**

在药物治疗的过程中，常常面临一个问题：忘记吃药。如果我们经常“忘记吃药”，病情可能会反复，我们可能会不能继续上学、交友。

专家说

对于认为重要的事情，我们一般不会忘记，所以谈论“忘记吃药”，首先需要明白药物的重要性。药物对我们是有益的，它可以让我们感觉舒服，心情变好，情绪变稳，睡眠吃饭变香，等等，药物能帮助我们治疗疾病。精神心理疾病的治疗大多是一个漫长过程，如同爷爷奶奶的高血压病或糖尿病一般，它不像伤风感冒那般，吃几天药就好了，需要长期坚持服药。如果服药后，你感觉不舒服了，请及时告诉医生，医生会根据情况，做出药物的调整，让药物变得更适合你。

药物在体内起效需要满足一定的药物剂量，准时的服药时间，足够的治疗疗程等条件。患者因各种原因对医生处方的执行不当，会导致不同程度的不遵医嘱用药，从而影响治疗效果，可能会造成服药后不良反应增加，药效减弱，疾病反复甚至加重。

健康加油站

如何让“吃药”变得容易?

首先，患者需要充分地信任医生。治疗道路中，医生与你相伴，形成治疗联盟，你只需要描述真实情况（变好或没变，甚至变糟的地方），医生会根据实际，调整治疗，让你“吃药”更容易。其次，按时规律服药，可以设定闹钟提醒自己，外出携带药盒方便服药，将药物摆在明显之处，帮助自己养成良好的服药习惯。

还有，寻求共同居住者的提醒，让他们成为你容易“服药”的帮手。

（陆心传）

关键词

不良反应 镇静作用 锥体外系反应

18. 为什么爸妈总是担心我**吃药**了会**变傻**

爸妈担心的“会变傻”可能是担心服药带来的不良反应，这种担心是人之常情。每个人吃药后的不良反应和吸收程度是不同的。精神科有些药物可能让人动作僵硬迟缓，显得反应变慢，看上去像“变傻”了，这种现象我们称为“锥体外系反应”。有些精神科药物可能会让人暂时想睡觉，显得安静，我们称为“镇静作用”。不过，有一点结论是肯定的，各项研究表明，精神科药物不会让人智力下降。

专家说

什么是锥体外系反应?

锥体外系反应是常见的精神科不良反应，儿童青少年常见的表现有眼睛上翻、斜颈、吐舌、张口困难、坐立不安等。只要你遵守医生的嘱咐，按处方服药，大多数情况下这些表现可能只出现在服药初期，并能因自身产生耐受而消失，如无法接受这些反应，也不必担心，它们可以很快被处理而消失，不会对身体造成伤害。

如何减少药物不良反应？

减少药物不良反应的关键是在医生指导下用药。首先，大部分不良反应是轻度的，并发生在用药初期，可以通过小剂量起始、缓慢加量的方式避免或减少。其次，规律用药也是减少不良反应的好手段，间断服药，吃吃停停，以为对身体伤害轻，其实会造成体内血药浓度的不稳定，反而提高不良反应的发生率。最后，切记不要突然停药，大部分精神科药物突然停药会导致患者出现不良反应。

健康术语

血药浓度

血药浓度指药物吸收后在血液中的浓度。药物作用的强度与血药浓度成正比，血药浓度随时间而变化。不同的人，药物的有效剂量差异很大，但其安全有效的血药浓度却差异较小。有些药物的治疗浓度与中毒浓度比较接近（如碳酸锂等），为防止药物在体内浓度过高而产生不良反应，需要监测这类血药浓度。临床中，如果有条件，医生可以通过监测血药浓度指导药物方案和治疗剂量的选择。

（陆心传）

19. 为什么我总害怕吃药会上瘾

关键词

药物成瘾　苯二氮草类

吃药主要目的是控制我们的精神症状，帮助我们回归正常的生活。精神科疾病在治疗初期，可能会被告知需要服药半年、两三年或更长时间。但是随着坚持服药，我们的状况会越来越好，所以不必担心“上瘾”。而且大部分精神科药物，不具有成瘾性。但是值得注意的是，由于精神科疾病反复发作、慢性的特点，往往需要长期服用药物。

专家说

什么是药物成瘾?

药物成瘾，是指在并非用于治疗疾病的情况下而长期滥用某种药物，以至于产生强制性的觅药行为，以重复体验使用该药物的快感，如果减少或停止使用，就会出现心理和躯体上的不适。药物成瘾主要具有几个特点：①心理依赖性，内心渴求药物而觅药；②躯体戒断，不使用该种药物后出现种种躯体不适；③不同程度药物耐受，药物服用的剂量逐渐增加。

哪些药物容易发生成瘾?

长期使用苯二氮草类药物可能会导致身体对药物的敏感度降低，产生耐受性，而逐渐追求增量，导致成瘾。因此临床中，苯二氮䓬类药物要避免长期使用，最好持续时间不超过一个月，并需要逐渐减量直至停药。

治疗注意缺陷多动障碍（attention deficit and hyperactive disorder，ADHD）的中枢兴奋剂是否会成瘾，一直是患儿家长和医生们关注的问题。迄今为止，临床中尚未发现按医嘱合理使用中枢兴奋剂的患儿出现成瘾问题。相关研究表明，儿童期合理使用中枢兴奋剂治疗可降低成年期酒精和其他药物滥用的风险。

健康术语

苯二氮䓬类

苯二氮䓬类是一类缓解焦虑，减少患者坐立不安、紧张、恐惧，有助于催眠镇静，并可以抑制大脑放电，松弛骨骼肌的药物。在精神科、神经科和麻醉科使用广泛。这类药物常见的有：地西泮、奥沙西泮、劳拉西泮、艾司唑仑、阿普唑仑等，一般每天只需服用 1 次，急性焦虑发作可以每天服用 2~3 次。该药物不良反应较少，主要为嗜睡、协调性下降等，但是长期服用容易对药物产生依赖。

（陆心传）

20. 为什么有的药**早上吃**，有的药**晚上吃**

关键词

服药时间 药物特性

药物的服用时间，一般是由药物的特性和患者的实际情况决定的。早晨，我们可能受抑郁情绪的困扰而提不起精神，缺乏动力，需要让人精神抖擞，有助于增加动力、恢复精力的药物。夜间，我们入睡困难，在床上辗转反侧，这时候，需要帮助入睡的药物，让大脑好好休息，为第二天的正常生活做准备。

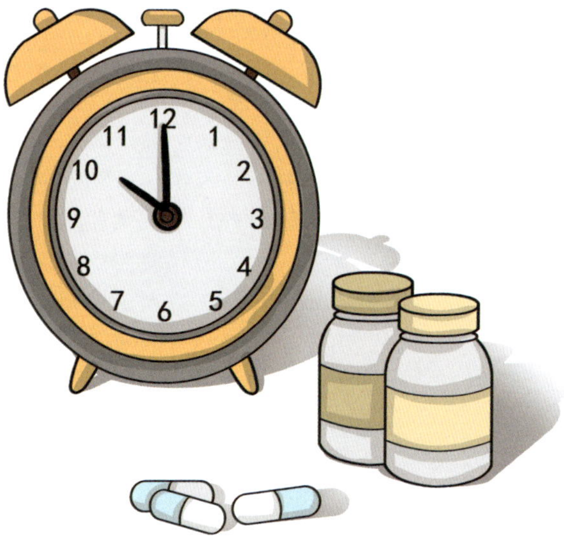

专家说

药物是白天服用还是晚上服用，一般取决于药物的特性。像一些镇静作用较强的药物，如抗精神病药物、助眠药物，一般都是晚上服用；而抗抑郁药物一般都是早晨服用。当然也有例外，例如，抗精神病药物帕利哌酮缓释片要求早上服用，这样可以更好地利用药物并且使血药浓度更稳定。像一些带有助眠作用的抗抑郁药物，如米氮平、曲唑酮、阿戈美拉汀等药物，建议晚上服用，这样能够避免白天困倦而影响日常活动。当然也有很多药物，既可以白天服用也可以晚上服用。另外，青少年因为年龄关系，药物代谢与成人不同，可能医生会建议一种药物分次服用。所以，药物是白天服用还是晚上服用，如何服用，最好是遵医嘱服用。

（陆心传）

三

其他调整 / 治疗有用吗

21. 为什么运动能帮人摆脱烦恼纠缠

关键词：运动　内啡肽　快乐激素

运动在生活中堪称“魔力妙方”。从身体层面看，它促进血液循环，让氧气和营养物质高效输送到各个组织器官，既缓解身体疲劳，又提升代谢水平。跑步、游泳这类有氧运动，还是天然的抗炎“利器”，能降低炎症因子水平，有效缓解焦虑抑郁症状。在调节内分泌方面，运动能促使身体分泌内啡肽这一“快乐激素”，有助于我们调整心情。同时，运动时注意力转移，减轻了压力和焦虑，完成新动作、突破运动目标带来的成就感，极大地提升了自信心与自我效能感。

专家说

“快乐激素”如何让人快乐？

内啡肽是脑垂体产生的“快乐激素”，它与阿片受体结合，能激活奖赏通路，让大脑释放快乐信号，调节其他神经递质水平，降低应激反应。所以心情不好，尤其是抑郁症患者，多运动促进内啡肽分泌，能有效赶走抑郁、焦虑等负面情绪。

运动多久比较合适？

按照国家体育总局颁布实施“儿童青少年科学健身20条”，儿童青少年应每天进行60分钟以上中高强度运动。建议以不同方式进行3~5次/周、30~50

分钟 / 次的耐力练习”，2~3 次 / 周、30 分钟 / 次的力量练习。2~3 次 / 周、20~30 分钟 / 次的速度练习，3~5 次 / 周、10~20 分钟 / 次的柔韧练习，2~5 次 / 周、15~30 分钟 / 次的平衡练习，2~3 次 / 周、10~20 分钟 / 次的灵敏练习。

健康加油站

不同运动方式的效果有什么不同?

（1）舞蹈——健康活力密码：舞蹈是全身性的绝佳运动，益处多多，2024 年《英国医学杂志》发表的了一项关于运动和抑郁症关系的研究发现，运动对于抑郁可以起到很好的治疗效果，其中疗效最好的运动前三名是：跳舞、慢跑、瑜伽。

（2）瑜伽——心灵调节妙方：瑜伽通过特定的姿势，达到平静内心、稳定情绪、消除浮躁的效果。站立体式可以稳定情绪，增加力量感和自信心，培养专注力；后弯可以抗抑郁和提高情绪；前屈体式刺激到副交感神经，有助于安抚、稳定情绪。

（3）八段锦——压力舒缓秘诀：练习八段锦时，需将注意力聚焦在动作与呼吸上，巧妙地把外界压力抛诸脑后，回归自身。其动作舒缓、节奏平稳，有效调节神经系统，降低交感神经紧张度，轻松实现身心放松，以平和心态直面生活压力，缓解焦虑。

（张　杰）

22. 免费的快乐源泉你确定不要吗

关键词

阳光 季节性情感障碍 情绪

在这个普遍追求“美白”的时代，你有没有过这样的经历：在一个风和日丽的晴天，出门前必须将自己捂得“密不透风”，生怕又黑了一个度。若你每日如此，那就很可能错过了大自然赠予我们的“0”付费的快乐秘方——阳光。

国家体育总局颁布实施“儿童青少年科学健身 20 条”中提到，“天天户外 120 分钟，校内校外各 60 分钟”。实际上，这一条除了能够预防近视，也对心情调节有好处。那么，为何多晒太阳可以让我的心情变好？

（1）维持生物节律：生物节律即“生物钟”，负责调节机体内的激素和代谢。而阳光就像一种信号，刺激我们的视网膜光感受器，继而作用于大脑的中枢神经系统，提高人体的新陈代谢，为一天的活动做好准备；而当傍晚来临时，光照刺激减弱，体内褪黑素水平升高，我们身体逐渐进入睡眠状态，开始“养精蓄锐”为第二日的劳作打下基础。

（2）治疗季节性情感障碍：季节性情感障碍（俗称“冬季忧郁症”）是由于冬季日照水平下降而诱发的情绪低落，其一线治疗方法是光照疗法，且疗效显著。适度暴露于阳光之下，可以减少该疾病的发生，并增加对情绪的正面影响。

（3）调节情绪： 人体 90% 以上的维生素 D 来源于阳光照射，而维生素 D 在血清素和褪黑素的调节中发挥重要作用。低血清素水平，易导致焦虑、抑郁等情绪的出现；褪黑素则在光源的影响下调节昼夜节律，促进人体睡眠与清醒的转换。

健康加油站

阳光无限好，我们应该怎么照？

我们可根据“影子法则”来判断晒太阳的时段是否适合：当发现影子大于或接近身高两倍时，这时不需要过多防护；而当影子短于二分之一身高时，就需要采取一定的防护措施或者缩短日光浴的时间了。

安全时段

需要防护

（张　杰）

23. 怎样利用**“心流”**来提高效率

关键词

注意力 心流状态

在学校时，我们是不是曾经有过这样的经历？当老师们讲到一些有趣的知识，吸引我们聚精会神地沉浸课堂，时间好像过得很快，到了下课的时候，完全没有学习了半个多小时的疲劳，还好像意犹未尽。还有的时候，当我们认认真真专注在一项具有挑战性，但是能够完成的作业时，反而能奋笔疾书，虽然花了不少精力，但仍感到时间过得很快，完成后有强烈的成就感和愉悦感。

专家说

在积极心理学中，有一个叫作“心流体验”的概念。它是一种当我们全神贯注地做一件事时，才能进入的心理状态。“心流体验”中，我们可以体会到忘记自己、忘记时间流逝的感受，获得丰富信息，做复杂工作毫不费力，并且有强烈的愉悦感。对于“心流体验”的机制，目前尚不清楚，但是我们知道的是，在我们注意力集中的时候，大脑中会分泌足够的去甲肾上腺素和多巴胺，这两种化学物质能帮助我们集中注意力，滤过无关信息，提升反应的敏感度。

显然，我们都希望在重要的学习和工作时刻内，能进入“心流状态”中，这样就能帮助我们在完成繁重任务的同时，获得“轻松愉快”的体验。那么，怎样才能进入“心流状态”呢？基于“心流状态”的特征，我们可以尝试用以下方法引导“心流状态”的发生。

（1）关注自己的内部动机，例如激发自身对活动的兴趣，而不是完成外界的要求。

（2）制定明确的活动目标，例如确认自己完成哪一部分的作业内容。

（3）确认自己将要完成的学习或者工作任务难度与自己的能力相匹配。

（4）为自己设定清晰的即刻反馈，例如当完成任务的一部分后给自己一块巧克力。

（5）控制外界的环境，减少刺激物，或者通过一些活动，让自己进入良好的注意状态，例如喝口水让自己平静下来。

健康术语

心流体验

心流体验指个体全身心地投入到某种活动或事物中，忘记时间、忘记自我，把注意力高度集中在当前活动上的一种主观状态，这种主观状态通常伴随着积极的情绪体验。

（江文庆）

24. 为什么吃某些**食物**能让我心情**愉悦**

关键词

食物　情绪　神经递质

这种现象源自食物与情绪微妙的关系。有些食物含有能够影响大脑化学物质的成分，如巧克力中的酪氨酸和苦味素，能促进脑内多巴胺和内啡肽等“快乐激素”的释放，令人愉悦。而青少年最爱吃的垃圾食品富含糖分和脂肪，能够迅速激活大脑的“快乐中枢”，类似于小奖励，让人暂时忘却烦恼，有即时的满足感。此外，垃圾食品的口感丰富，通常以甜、咸或油的方式呈现，这种口感也能带来愉悦感。

另外，一些食物可能触发人们的愉快回忆，如儿时吃过的美味或与特定场景相关联的食物会使这些情感记忆在大脑中激活，引发愉悦的情绪。此外，个体对不同食物的喜好也可能导致在进食时心情舒畅。每个人对食物口味和质地的偏好各不相同，某种特定食物可能会让某人感到满足和开心，而对他人却没有同样效果。

除了生理和心理因素外，环境因素也可能影响进食时的情绪体验。比如，在一个愉快轻松的聚餐氛围中享用美食往往会让人感到心情愉悦；相反，在紧张或不舒适的环境下进餐可能会削弱食欲和愉悦感。

专家说

又想吃又怕胖怎么办？

美食总是让人无法抗拒，但随之而来的是对体重增加的担忧。要找到平衡，既享受美食，又保持身材，其实并不难。首先，要注意饮食的多样性和均衡性。合理搭配蔬菜、水果、蛋白质和碳水化合物等营养成分，控制摄入热量的同时也能满足身体对各种营养的需求。适量摄入健康脂肪也是必不可少的。其次，控制食量同样至关重要。可以减少主食和零食的摄入来控制热量摄入，避免过度进食导致体重增加。适当使用小碗、小盘也有助于降低进食量。此外，培养良好的饮食习惯也能帮助我们保持身材。规律作息、定时进餐、避免暴饮暴食等都是值得提倡的健康生活方式。最后，心情愉快也是保持身材的秘诀之一。压力会引发暴饮暴食，因此，要保持心情舒畅、积极乐观的心态。可以尝试做些喜欢的运动、参加有趣的活动或者与朋友聊天放松心情。

哪些食物吃了既开心又健康？

饮食不仅影响着我们的身体健康，还会影响心情。有些食物既能提升心情，又有益于健康。深色水果如蓝莓、草莓和黑葡萄富含抗氧化剂，可减少自由基的损害。还富含维生素 C 和纤维，可促进消化和增强免疫力。其次，坚果类食物如核桃、杏仁和南瓜子含有丰富的不饱和脂肪酸和维生素 E，可降低心血管疾病的风险。还含有镁和锌等矿物质，可维持神经系统的正常功能。核桃中还富含 ω-3 脂肪酸，被称为“大脑食品”，可以提高记忆力和认知功能。全谷类食物如燕麦、全麦面包等，富含纤维，维生素 B 族及微量元素锌、镁等，可以稳定血糖，缓解焦虑和压力，还能够促进肠道健康，预防便秘。

健康术语

多巴胺

多巴胺是大脑中含量最丰富的儿茶酚胺神经递质。作为一种神经递质，多巴胺调节中枢神经系统的多种生理功能。多巴胺对身心健康起着至关重要的作用。同时，也与快乐和满足感有关。当经历新的、令人兴奋的或具有挑战性的事情时，大脑就会分泌多巴胺。

（王　勇）

25. 为什么我听**音乐**时情绪能**放松**

关键词

音乐　放松　音乐治疗

从科学的角度来看，音乐对大脑的神经活动有着积极的影响。当我们沉浸于喜爱的音乐之中时，大脑会分泌如多巴胺等化学物质，这些物质能够调节我们的情绪状态，使我们感受到愉悦和满足，从而有效地缓解紧张与焦虑。在聆听优美的音乐时，大脑的注意力被旋律所吸引，原本紧绷的思维得以暂时从烦恼和压力源上转移开来。那些困扰我们的日常琐事、工作压力或人际纷争，在音乐的怀抱中渐渐被抛诸脑后，让大脑获得了一次宝贵的休息机会，如同给疲惫的身心做了一次深度的按摩。

专家说

为什么听音乐能让我们的情绪放松呢？听音乐时情绪能放松的原因是多方面的。它既涉及生理上的奖赏系统的激活和神经递质释放，也包含心理上的紧张与放松动态平衡以及情感记忆的唤醒。同时，个体差异、音乐偏好以及不同类型音乐的特性也在不同程度地影响着音乐对情绪的调节作用。

音乐的节奏也在情绪放松中起到了关键的作用。稳定而规律的节奏仿佛是一种心灵的节拍器，它引导着我们的生理节奏逐渐趋于平稳。例如，当心跳随着音乐的节奏而趋于和缓，呼吸也变得更加深沉而均匀时，整个身体就会自然而然地进入一种放松的状态，肌肉的紧张得以缓解，身心仿佛被一种柔和的力量所包裹。

对于青少年群体来说，音乐治疗不仅能够提供情绪上的支持和放松，还能促进智力发展和认知功能的提升。通过对音乐的欣赏，青少年情感的表达可以得到促进，他们的想象力可以得到丰富，他们的创造力能够被更加充分地发挥，精神世界更加丰富。心理健康问题会使青少年难以表达内心的真实想法或情绪，但当音乐响起，青少年能够更强烈地感受情绪，也可以借助音乐进行表达。可以说，音乐为有心理健康问题的青少年提供了特殊的表达方式，使他们可以从封闭世界中短暂回归到现实中，与身边人进行良好的沟通交流。

健康术语

音乐治疗

音乐治疗是一种科学且温暖的心理干预方式。专业治疗师借助音乐的节奏、旋律、和声，与来访者深度互动。当来访者聆听舒缓旋律，紧绷的神经能得到放松，焦虑、抑郁情绪随之减轻；来访者参与音乐创作、演奏时，内心难以言说的情感得以释放。它广泛用于心理治疗、康复治疗、特殊教育等领域，像一双温柔的手，拨动人的心弦，让干预对象的身心在音乐的滋养下，逐渐恢复和谐与平衡，重拾生活的美好。

（孙锦华　沈淑琴）

26. 为什么跟人**聊一聊**会感觉**好点**

关键词：聊天　压力释放　多巴胺

你是否曾经历过这样的瞬间：心中积压着重重忧虑，仿佛整个世界即将崩溃。然而，就在你与朋友简短交谈之后，那些阴霾似乎瞬间消散，你感到自己轻盈地飘浮在云端。令人惊讶的是，尽管问题依旧存在，它们似乎不再那么令人窒息！为何一次简单的对话能带来如此“神奇”的转变？是朋友拥有某种超能力，还是你的情绪拥有“回血”机制？别急，让我们一同揭开这背后的奥秘，探索聊天是如何悄无声息地疗愈我们心灵的。

专家说

聊天的时候我们体内会发生哪些变化呢?

当进行愉快的聊天时，大脑会释放多巴胺、内啡肽和血清素等化学物质。多巴胺带来兴奋与满足，内啡肽减轻紧张，使人产生放松愉悦之感，血清素则稳定情绪。同时，聊天能调节身体的应激反应系统，原本因压力而升高的血压、心率等在聊天中趋于平稳，副交感神经系统被激活，促使身体进入放松状态，进而在生理层面上为我们带来舒适感。

心理学又是如何解释这一现象的呢?

聊天带来心理舒适的机制是多方面协同作用的结果。首先，它为情感宣泄开辟途径，倾诉困扰可释放压抑情绪，他人的倾听与回应满足个人的情感被接纳的需求。从社交角度看，聊天满足了归属与爱的需求，使交流的双方或多方通过交流建立联系，获得归属感并加深情感。再者，聊天能拓展认知，他人的认同与新见解增强自我效能感与自信心，促进自我成长与心理成熟。

健康加油站

如何让聊天的氛围更轻松愉悦?

营造轻松愉悦的聊天氛围，可从多方面着手。先调整自身状态，以乐观微笑示人，抛开压力全心投入，传递轻松气场。话题选择上，多谈生活趣事，如宠物见闻、旅行妙事、美食探索，或双方共有的爱好，避开沉重敏感话题。沟通时，采用幽默风趣的语言风格，善用修辞添彩，专注倾听并积极反馈。此外，适宜的聊天环境也有加成，柔和的灯光、清新的香薰可舒缓神经，精致的美食能调动愉悦感，共同助力打造欢快的聊天氛围。

（郭万军　肖子成）

27. 为什么医生建议我多交朋友

关键词

交友 情感支持 交友方法

在人生旅途中，你是否遇到过这些难题？难以融入新环境，学习或工作的压力如巨石般沉重，又或者与父母矛盾频出。这些情况下，我们如果第一时间能够找人倾诉，将心中埋藏的想法吐露干净，可能会感觉一瞬间“卸下了担子”，收拾好了心情，又获得了重新面对难题的勇气。为什么我们会有这样的感觉呢？科学研究表明，良好的社交关系能够刺激大脑分泌内啡肽等化学物质，有助于缓解压力、改善情绪。同时，当被人接纳，获得情感上的支持时，会产生一种满足感和安全感。这些让我们重新振作起来，面对生活的挑战。

专家说

为什么充足的情感支持能帮我们走出困境？

积极的情感支持能够激活大脑奖赏系统，促使其释放多巴胺等神经递质，同时促进血清素分泌，进而稳定情绪，提升抗压能力，使我们在面对困境时更具勇气和力量去承受压力。其次，人类大脑中的镜像神经元会在我们获得情感支持时被激活，从而使我们更容易接受和理解他人提供的不同观点，进一步拓宽思维方式，为解决困境找到新的思路。最后，从满足归属需求来讲，依据马斯洛需求层次理论，充足的情感支持能够让我们感受到自己是被群体或他人所接纳和需要的。满足这种归属需求会使我们获得情感上的满足感和安全感，进而更有动力走出困境。

健康加油站

正确健康的交友方式有哪些?

人生路漫，交到挚友至关重要。正确健康的交友原则包括以下几方面：①应真诚坦率，如实表达自我并倾听朋友心声；②尊重包容差异，不强行改变他人；③保持积极态度，传递正能量；④懂得给予与付出，关心帮助朋友；⑤培养共同兴趣，增进情感联系；⑥给予彼此空间，尊重独立性；⑦善于沟通，清晰表达并倾听回应；⑧坚守信任忠诚，保守秘密；⑨学会原谅与释怀，不纠结过往；⑩持续提升自我，吸引益友。如此，方能建立良好友谊，收获珍贵的人生财富。

（郭万军　肖子成）

关键词

腹式呼吸　焦虑　放松

28. 为什么**腹式呼吸**会让人放松

在日常生活中，你有没有遇到过这种情况？面对即将到来的考试，父母和老师常常提醒我们："保持冷静，不要紧张，把它看作是日常学习的一部分。"尽管我们竭力自我安抚，试图维持冷静，但心跳有时仍旧不由自主地加速，呼吸变得急促。在这些紧要关头，不妨运用腹式呼吸。腹式呼吸能够调节情绪，维持思维的清晰与灵敏，使我们得以摆脱紧张情绪的困扰，能够更精准地驾驭自身的生理响应，重拾内心的平和，以一种冷静且专注的姿态迎接挑战。

专家说

腹式呼吸是怎样让我们放松

人类呼吸方式主要有腹式呼吸和胸式呼吸两类，这两种呼吸模式不仅影响着我们的生理状态，还与我们的情绪密切相关。在紧张恐惧时，呼吸会变得急促浅薄，伴随胸部快速起伏，这多为胸式呼吸。这与交感神经系统激活的“战斗或逃跑”反应有关，它向大脑传递紧急信号：“威胁迫近！准备应对！”这一生理反应使得身体处于高度警觉状态，准备迎接潜在的挑战。而腹式呼吸不同，深吸气时空气充盈肺底，膈肌下移带动腹部外扩，呼气时又带动腹部内收。这一呼吸循环增强氧气吸收，还触发副交感神经系统的“休息与消化”机制，能降低心率、放松身体，并向大脑传递一种平静的信号：一切安好，无须紧张。因此，腹式呼吸作为一种强有力的放松方法，它有助于缓解紧张的情绪，恢复心灵的平和。

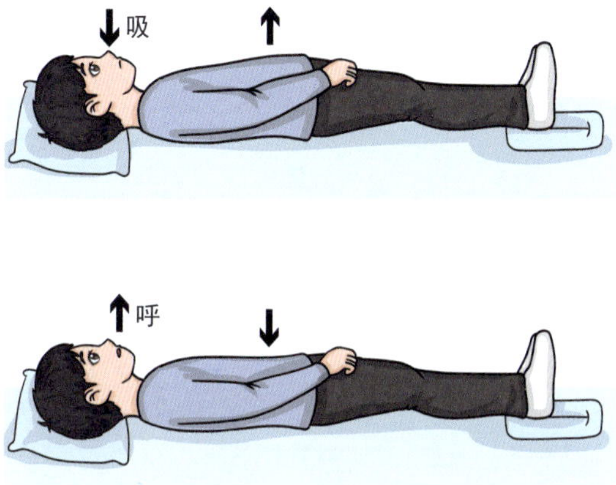

如何正确进行腹式呼吸

（郭万军　陈国栋）

关键词
绘画　烦恼

29. 为什么每次拿起画笔画画，我的烦恼就消失了

在纷繁复杂的生活中，烦恼常常如潮水般涌来，将我们淹没在压力与不安之中。你可曾有过这样的困惑：为何每当拿起画笔画画时，烦恼就如同薄雾遇骄阳，悄然消散？绘画，这一神奇的艺术表达形式，似乎拥有着超越色彩与线条本身的魔力，它宛如一把无形的钥匙，开启了一扇通往宁静与释放自我的大门。其实这背后隐藏着心理学与神经科学的奥秘。

专家说

绘画为什么能缓解压力？

（1）心理学视角：绘画常被用作一种非语言的表达形式，在艺术治疗中被广泛应用。它可以帮助缓解压力、提高自我意识，并增强个人的心理适应能力。即使没有专业指导，单纯的绘画也能起到类似的自我疗愈作用。当你专注于创造时，注意力会从烦恼转移到艺术创作上，这种注意力的转移能够打破负面情绪的循环。绘画可以使你进入“心流”状态。这是一种高度专注和完全沉浸的体验，使你忘记外界干扰和烦恼。这种状态不仅能带来满足感，还能提高心理韧性。同时通过画画，你可以将内心的情绪以视觉形式表达出来。这种表达方式有助于缓解负面情绪，并提高情绪调节能力。

（2）神经科学视角：①激活大脑的奖赏系统，绘画等创造性活动会刺激大脑释放多巴胺。多巴胺的分泌可以减少压力和焦虑。②左右脑平衡，绘画要求大脑同时使用逻辑和感性功能，左脑负责细节和技巧，而右脑负责创造力和想象力。这种活动有助于促进大脑两侧的协调，带来心理上的平静感。

健康术语

艺术表达

艺术表达指通过绘画、雕塑等艺术形式来表达内心的情感、想法和体验，是表达性艺术治疗的核心手段，能帮助个体将难以用语言表达的内容可视化。

投射

投射指个体将自己的潜意识情感、欲望、冲突等心理内容不自觉地反映在绘画作品中，治疗师可据此了解患者的内心世界。

（郭万军　方垠诺）

相约健康百科丛书

人物关系介绍

健健　　康康

爸爸　妈妈

奶奶　爷爷

专家　男医生　女医生

图书在版编目（CIP）数据

阳光对话青少年 / 赵敏主编 . -- 北京 ： 人民卫生出版社，2025. 10. --（相约健康百科丛书）. -- ISBN 978-7-117-38348-6

Ⅰ. G444

中国国家版本馆 CIP 数据核字第 2025T07Q48 号

人卫智网	www.ipmph.com	医学教育、学术、考试、健康，购书智慧智能综合服务平台
人卫官网	www.pmph.com	人卫官方资讯发布平台

相约健康百科丛书

阳光对话青少年

Xiangyue Jiankang Baike Congshu

Yangguang Duihua Qingshaonian

主　　编：赵　敏

出版发行：人民卫生出版社（中继线 010-59780011）

地　　址：北京市朝阳区潘家园南里 19 号

邮　　编：100021

E - mail：pmph @ pmph.com

购书热线：010-59787592　010-59787584　010-65264830

印　　刷：天津市光明印务有限公司

经　　销：新华书店

开　　本：710 × 1000　1/16　　印张：24

字　　数：311 千字

版　　次：2025 年 10 月第 1 版

印　　次：2025 年 10 月第 1 次印刷

标准书号：ISBN 978-7-117-38348-6

定　　价：75.00 元

打击盗版举报电话：010-59787491　E-mail：WQ @ pmph.com

质量问题联系电话：010-59787234　E-mail：zhiliang @ pmph.com

数字融合服务电话：4001118166　E-mail：zengzhi @ pmph.com